U0488504

世图心理

博客：http://blog.sina.com.cn/bjwpcpsy
微博：http://weibo.com/wpcpsy

荣格的浪漫主义

THE
DISCOVERY
OF THE
UNCONSCIOUS

发 现 无 意 识 之 旅

Henri Ellenberger

[美] 亨利·艾伦伯格 著

杨侃 译

图书在版编目（CIP）数据

荣格的浪漫主义 /（美）亨利·艾伦伯格著；杨侃译. —北京：世界图书出版有限公司北京分公司，2024.6
（发现无意识之旅）
ISBN 978-7-5232-0463-4

Ⅰ.①荣… Ⅱ.①亨… ②杨… Ⅲ.①荣格（Jung，Carl Gustav 1875-1961）—分析心理学 Ⅳ.①B84-065

中国国家版本馆CIP数据核字（2024）第105431号

THE DISCOVERY OF THE UNCONSCIOUS:THE HISTORY AND EVOLUTION OF DYNAMIC PSYCHIATRY
Perseus Books LLC, a subsidiary of Hachette Book Group, Inc.
Copyright©1970 by Henri F. Ellenberger

书　　名	荣格的浪漫主义 RONGGE DE LANGMAN ZHUYI
著　　者	［美］亨利·艾伦伯格（Henri Ellenberger）
译　　者	杨　侃
责任编辑	吴嘉琦
装帧设计	人马艺术设计·储平
出版发行	世界图书出版有限公司北京分公司
地　　址	北京市东城区朝内大街137号
邮　　编	100010
电　　话	010-64038355（发行）　64037380（客服）　64033507（总编室）
网　　址	http://www.wpcbj.com.cn
邮　　箱	wpcbjst@vip.163.com
销　　售	新华书店
印　　刷	三河市国英印务有限公司
开　　本	880mm×1230mm　1/32
印　　张	6.375
字　　数	110千字
版　　次	2024年6月第1版
印　　次	2024年6月第1次印刷
版权登记	01-2013-8368
国际书号	ISBN 978-7-5232-0463-4
定　　价	59.00元

版权所有　翻印必究
（如发现印装质量问题，请与本公司联系调换）

目录

第一章　荣格的生平概略　　　　　001

第二章　荣格生活中的重要事件　　015

第三章　荣格的人格　　　　　　　053

第四章　与荣格同时代的人物　　　063

第五章　荣格的学术成就　　　　　075

第六章　荣格的思想源流　　　　　167

第七章　荣格的影响　　　　　　　181

卡尔·古斯塔夫·荣格（Carl Gustav Jung）与阿尔弗雷德·阿德勒（Alfred Adler）一样，都不该被视为弗洛伊德精神分析的叛徒。荣格的分析心理学（analytic psychology）不应被套以弗洛伊德精神分析的框框来衡量，反之亦然。二者应该被置于其个别的哲学基础上来了解。

荣格和弗洛伊德体系的基本差异可以摘要如下：

首先，这两者的哲学基础截然不同。尽管荣格的分析心理学和弗洛伊德的精神分析都是浪漫主义晚期的产物，但精神分析同时承袭了实证主义、科学主义和达尔文主义的传统；而分析心理学则坚决拒绝这些哲学遗产，坚持回归其自身的思想源头——永恒不变的浪漫主义精神医学和自然哲学。

其次，弗洛伊德的目标是探索那些被许多伟大作家凭直觉洞察到的人类心灵，而荣格则声称他以客观的方式观察那些介于宗教和心理学之间的人类心灵，并将其纳入科学的领域。

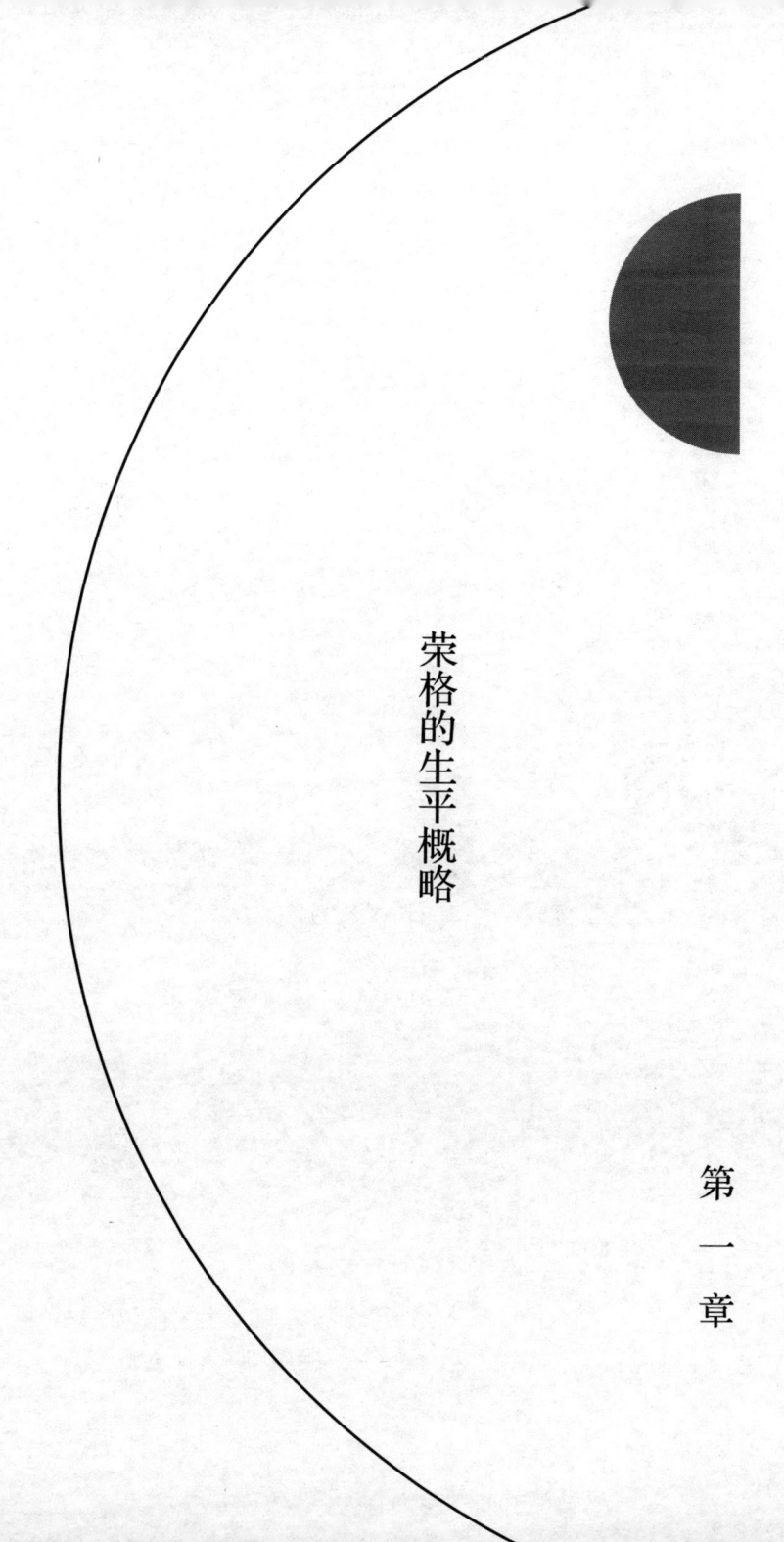

荣格的生平概略

第一章

第一章 荣格的生平概略

1875年，荣格诞生于瑞士图尔高州的一个小村庄。1961年，他在苏黎世湖畔的屈斯纳赫特去世。除了造访法国、英国、意大利、印度等地外，他在祖国瑞士度过了一生的岁月。在他出生时，弗洛伊德已经19岁，让内16岁，而阿德勒只有5岁。在新动力精神医学的四位开拓者中，荣格是最年轻的，也是最晚去世的一位。他有幸成长在中立国瑞士，因此没有像弗洛伊德和阿德勒那样经历过战争的痛苦和流离失所。

1875年到1914年是荣格生命的前半段，他度过了年轻的岁月，开展了精神医学的职业生涯，并与弗洛伊德结识，但后来二人的关系逐渐疏远。这段时期被称为欧洲的"战备和平时期"，然而第一次世界大战的爆发改变了一切。战后，荣格创立了自己的学派，并通过众多著作阐述了自己的理念。然而，在第二次世界大战期间以及战后，荣格逐渐与自己的学派疏离，他的自我表达方式也越来越个人化。他的作品逐渐展现出浓厚的个人色彩。他的早期病人都是出身于底层的精神病住院患者，晚期则大多是来自社会上层的神经官能症患者。

荣格可被视为在社会中力争上游的典范。他出身于家道中落的中产阶级家庭，从做穷学生开始，努力成为精神医院医师和大学精神科医师，最后又成为名闻遐迩的心理治疗师及个人学派的开山祖师。在他的晚年，来自世界各地的访客络绎不绝，可以说他就是那传奇的"蛰居在屈斯纳赫特的智慧老人"。

家庭背景

我们如果对荣格的成长过程及家庭背景（瑞士）了解不深的话，势必无从了解他的人格及其志业。

瑞士和奥匈帝国一样，都是由多个民族组成的国家，但二者存在一些明显的差异。在瑞士，只有四种主要的民族和语言，而且政治上的统一在激进的民族主义兴起之前就已经完成。相比之下，奥匈帝国面临许多致命的问题，而瑞士通过联邦制早已解决了这些问题。瑞士的政治体系与欧洲其他国家截然不同，因此，即使瑞士国内使用罗曼什语、德语、法语和意大利语这四种不同的语言，也无法动摇瑞士国民对国家的认同。

在瑞士，联邦政治几乎就和民主政治同义。每位瑞士公民都能在市镇（community）、州（canton）和联邦（federation）三种阶层实行其政治权利。市镇享有极大的自治权，几乎所有的男性公民都持续地积极参与市镇的公共事务。瑞士奉行出生地主义，因此不论市镇居民的后代在何地生活，他们所享的权利都将传递下去。任何想获得瑞士公民权的外国人，都得先找到某个愿意接纳他的市镇，才能在州及联邦的层级取得公民权。市镇及州享有极大的自治权，只要不破坏联邦的统一即可。瑞士人最不赞同也认为最不民主的事，莫过于强制整个联邦都要说同一种语言。不论是德语、法语还是意大利语，在瑞士人看来都可以作为国家语言，它们在使用该语言的地区被视为官方语言。一个更好的例子是，在德语区域内也存在许多不同的方言，这些方言与官方登记和学术书写用的书面德语（Schriftdeutsch）存在差异。

瑞士与其他国家不同的另一个特点是其军队结构。在瑞士，每个适龄男性都保留着军服和武器，并随时准备接受市镇部队领导的指挥。他们的装备需要定期接受检查。这在欧洲其他国家是不常见的。欧洲其他国家的士兵须服一至三年兵役，而瑞士的新兵只需进行数周的严格入伍训练，之后他们每年会返回所属部队接受短期训练。想要成为军官的人也按照类似的模式训练。因此，每一位男性瑞士公民也同时兼具士兵或军官身份。因此，瑞士常备的职业军人人数得以维持在最低数量。

瑞士人的生活与他们所居住的市镇、州和国家紧密融合在一起。他们参与当地政治和军事，并对家谱和家族历史很感兴趣。在高度民主的环境中，不仅贵族，几乎所有的家族都有自己的家徽。在这种强烈的出生地观念下，任何一个瑞士人都感到自己是其所属地区的一部分，并且对其有着深厚的归属感。在这样的出生地主义下，任何一个瑞士人都能轻而易举地由市镇的出生记录去追溯自己的完整家谱。

上述事实反映了瑞士人口的稳定性和深厚的传统，并展示了他们对地方习俗、方言和地区差异的尊重。瑞士经历了漫长而艰难的演变才形成现在的状况，其中包括无数次的内战。这些历史经验塑造了瑞士人的意识形态和价值观，促使他们发展出一种强调和平与多样性的社会模式。在历经沧桑的历史中，瑞士逐渐演变成一个包含二十二个州的联邦，其中三个州又各自分开成为两个半自治州，所以事实上瑞士有二十五个自治的政治单位。在19世纪后半叶，瑞士可以被视为民主制度的实验室。虽然瑞士是最后一个承认妇女投票权的国家，但瑞士人享有的权利可能是其他国家的人民所未曾享有的，例如公民的立法和决策权。①

一般人普遍认为，如今的瑞士即使处于欧洲极度动荡不安之际也能长治久安。事实上，当荣格于1875年出生时，他的父母和祖父母并不持有这种过分乐观的态度。他的祖父在法国大革命和拿破仑战争的混乱时期度过了他的青年岁月。从1815年到1830年，瑞士经历了许多内部冲突，其中最著名的例子是农民阶级党派试图消灭城市贵族阶级党派。这些历史事件对荣格的家族产生了深远的影响，使他们对社会和政治的发展持谨慎的态度。以巴塞尔州为例，其农村与城市间的武装斗争于1833年才宣告结束，结果此地决裂成了两个政治实体，分别为"巴塞尔城"及"巴塞尔地"。1838年，瑞士与法国在开战边缘。1845年，信仰天主教的七个州组成被称为"桑德邦"的独立联盟，从而引发了内战。最后，联邦军队获胜，并于1847年重组瑞士政府。1857年，瑞士因与普鲁士的纷争而再次动员全国备战，所幸这次冲突在谈判桌上解决了。除了上述种种之外，还穿插了多次宗教冲突。

---

① 关于瑞士的民主政策，详见André Siegfried, *La Suisse, démocratie-témoin, édition revue et augmentée* (Neuchatel: La Baconnière, 1956).

荣格的性格不仅充分反映了瑞士人的心灵特质，还展现出他的家乡巴塞尔州、祖先和家庭的固有精神。巴塞尔不仅仅是一个城市，它还是一个具有自给自足政治实体的特殊范例，拥有自己的政府、议会和行政部门。作为位于瑞士、法国和德国交汇处的要地，巴塞尔是国际化的工业和商业中心，然而它又小而精致，几乎每位市民都相互熟悉。这种独特的地理和社会环境无疑对荣格的成长和个性形成了重要的影响。1875年，也就是荣格诞生的那一年，巴塞尔仅有五万居民。自文艺复兴以来，巴塞尔一直是保存欧洲文化的重镇之一。在荣格的童年时期，只要他漫步在街头，就可以看见著名的历史学家兼哲学家雅各布·布克哈特或是老巴霍芬。到处都可听到大家在谈论尼采，因为他在当地家喻户晓。此外，当地人也都可以毫无困难地认出他是"著名的卡尔·古斯塔夫·荣格之孙"。

他的祖父卡尔·古斯塔夫·荣格生于1794年[①]，卒于1864年，可以说是巴塞尔的传奇人物。[②]他是德国医师之子，曾在海德堡攻读医学，与浪漫派诗人熟识，并且创作过

---

① 这里采用的是最有可能的日期。有些文件说是1793年，有些则说是1795年，但大部分均认为其生于1794年。

② Eduard His, *Basler Gelehrte des 19. Jahrhunderts* (Basel: Benno Schwabe, 1941).

诗篇与学生歌谣。①因为受到著名的施莱尔马赫②的影响改为信奉新教。1817年10月17日，在政府核准之下，一群大学教授在萨克森的瓦特堡举行了一场具有宗教和爱国性质的聚会。尽管他们小心翼翼地避免被认为有政治意图，德国当局仍然以他们引发了微小的骚动为由来强行干涉，并摧毁了德国各地的学生社团组织。老荣格和许多其他年轻人一样，未经审判就被关押起来，直到十三个月后才被释放。他发现自己的前程已经受阻，于是移居法国。在巴黎，他与亚历山大·冯·洪堡③相遇，洪堡得知巴塞尔大学正在寻找一个充满激情的年轻人来协助重建医学部门，因此推荐老荣格前往。老荣格因此成为瑞士公民和巴塞尔的知名人物。当时风传他具有令人难以抗拒的魅力，凡是与其接触者，必会为其折服。虽然他偶尔也会与子女嬉戏，但却被某个儿子评价为专横。④在他第一任妻子去世后，留下了三个孩子。荣格向巴塞尔州州长提亲，但州长当场严词拒绝了他与自己女儿的婚事。于是，他毫不犹豫地去一家小酒馆向一位女侍求婚，

---

① H. Haupt, *Ein vergessener Dichter aus der Frühzeit der Burschenschaft, Karl Gustav Jung* (1794-1864).
② 德国哲学家。
③ 德国地理学家，政治家。
④ Ernst Jung, ed., *Aus den Tagebüchern meines Vaters*. (n.p., n.d.).

后者立刻爽快地答应了。这桩婚姻让整个州的居民感到惊讶。然而，三年后，他的第二任妻子也去世了，留下了两个孩子。老荣格决定再婚，这次州长终于同意将女儿苏菲·弗雷嫁给他。他一共有了十三个孩子，其中几位在他后半生给他带来了极大的困扰。1857年，他为智障的子女建造了一所房子，并在以后的大部分时间里照顾他们。

老荣格有着风光非凡的一生，他是巴塞尔最热门的医师之一；曾担任巴塞尔大学的校长，也担任瑞士共济会会长；曾写下许多科学论文，也以各种笔名发表剧本。有人谣传他是歌德的私生子，无疑他们两人在外貌上有神似之处。尽管老荣格从未公开提起此事，但值得留意的是，在他日记的某页中，严厉谴责了歌德的两出戏剧缺乏道德感。而且在一篇关于附加骨（supernumerary bone）的解剖学论述中，他竟然并未引用歌德对于上下颚间骨骼的经典研究。[1]这个有关血缘的逸事为老荣格的一生增添了许多传奇色彩。身为精神科医师的荣格虽然从未亲身接触老荣格，却继承了其姓名。无疑

---

[1] C. G. Jung, *Animadversiones quaedam de ossibus generatim et in specie de ossibus raphogeminantibus, quae vulgo ossa suturarum dicuntur* (Basileae, 1827).

地,老荣格的形象对荣格的命运产生了极大的影响。①

荣格母亲的家世并不如父亲的显赫。荣格的外祖父山姆·普莱斯威克,是神学及希伯来文学的著名学者,在他成为巴塞尔教堂的教长之前经历了许多人世沧桑。他被人评价为虔诚及勤勉,写下过无数的诗篇和赞美诗歌,并完成了一部希伯来文的文法书。他深信巴勒斯坦属于犹太人,并主动积极地为自己的主张辩护,因而他被现代人视为"犹太复国运动"（Zionism）的先驱。他有过两次婚姻。他与第一任妻子仅育有一个小孩,但与第二任妻子奥格斯塔·费伯生下了十三个孩子。根据家族的传说,他具备看见灵魂并与之沟通的能力。据称,他第一任妻子的"亡魂"每周都会回来探望他,因此他特意在书房中为她保留了一把椅子。这一事实给他的第二任妻子带来了极大的痛苦。此外,据说当他在准备布道的讲稿时,女儿艾米莉得坐在他身后,他认为这样一来鬼魂才无法在他身后偷窥。传说他的第二任太太（即荣格的外祖母）也拥有通灵的能力,除此之外,家族中一些成员也都具备此天赋。

荣格的双亲都是大家庭中最年幼的孩子,也都属于"被

---

① 巴塞尔的户籍记录显示,他的名字拼为"Karl",但他本人均使用"Carl",这也是其祖父的名字。

牺牲的一代"。因为在他们刚出生时，他们颇具声望的父亲都已变得穷困潦倒。荣格的父亲保罗·荣格非常热衷于古典语文及希伯来文，后来却成为一位默默无闻的乡村牧师。他娶了他希伯来文教授的小女儿艾米莉·普莱斯威克。在荣格的回忆中，这并不是一桩快乐幸福的婚姻。我曾邂逅一位在年轻时代与保罗·荣格熟识的老太太。在她的描述里，他是一位安静、谦逊、仁慈的人，知道如何向农民传道，同时也获得众人的爱戴。但根据另一个可信的来源，在某些同事的眼中，他却是个有点惹人厌烦的人。

在完成神学研究后，保罗·荣格被分派到位于康斯坦斯湖畔的凯斯威尔教区，之后又在沙夫豪森附近的劳芬教区待了三年。最后，他于1879年被分派到巴塞尔一个名叫克莱因辛根的小村庄。他成为弗里德马特精神病院的新教牧师。[①②] 我们对于保罗·荣格的人格所知不多，所以我们也无法知道荣格为何终其一生如此憎恨父亲。他厌恶的并不是父亲的暴虐专断，而是他的不成熟。保罗·荣格身为一位学者，理

---

① 这种种细节均引自贾菲根据家传文件对荣格家族所做的研究。
② 弗里德马特精神病院院长基尔霍兹告诉作者，保罗·荣格神父的名字第一次出现于该院1888年的年报中。从此之后，他便担任该院的驻院神父直到1896年去世为止。在那段时间的年报中，对他的品格及他对病人的奉献均有极高的评价。

智却未完全发展，沉迷于各种不成章法、有趣却完全无用的活动。荣格也相信父亲对宗教始终抱有怀疑，却不敢面对此事实。

关于荣格的母亲艾米莉·普莱斯威克的个性，我们所了解的信息相对较少。根据之前向作者描述荣格童年他母亲的人所说，她是一个肥胖、丑陋、权威和固执的女性。甚至连荣格自己也认为她非常难相处，可以说她拥有双重的个性。有时候，她表现出极高的敏锐度，甚至被认为具备超能感应的能力，而有时候她又显得平庸普通。

保罗·荣格夫妇育有三个孩子。长子保罗诞生于1873年8月，但很快就夭折了。第二个孩子就是日后的精神科医师荣格。第三个则是小妹乔安娜·格特鲁德，当时是1884年7月17日，间隔已有九年之久。格特鲁德于1935年5月30日在苏黎世辞世；她终身未嫁，好像也没有专业工作，一生都活在她极为赞赏的二哥的庞大阴影之下。

荣格在某些面向的思考与弗洛伊德的不同之处，可由其成长的家庭背景看出一些端倪。弗洛伊德是由年轻美丽的母亲所生，也是家中备受关爱的长子。而荣格印象中的母亲却是个充满矛盾、其貌不扬的人，所以小男孩会爱上自己的母亲而嫉妒父亲的想法，对荣格而言是很荒谬的。相反地，荣格并不那么强调儿子对父亲的敌意，而是认为儿子潜意识里会去认同父亲及父系的祖先。无疑，荣格比较认同他那耀眼、浪漫及成功的祖父，而非其父亲。对于其祖父是否为歌德的私生子这一问题，他总是用微笑来否认。在荣格最后的岁月里，这个传奇故事可能也是激发他创造出"智慧老人"这一角色的原因之一。

荣格于乡村牧师的房子中度过童年。在德国，牧师的房子（**Pfarrhaus**）被称为"德国文化的胚胎细胞之一"。[①]在坐拥花园的安静屋内，牧师履行其对神的职责，施行对灵魂的疗愈，亲身示范种种家庭美德，而除了工作养家之外，会保留一些时间在沉思与研究上。尽管有些牧师的儿子背叛了其父的信仰（但不见得是反对宗教本身，如尼采），但许多人在日后也会成为重要的人物。以荣格为例，他对宗教和哲学的兴趣被唤醒，但从父亲处无法得到满意的解答，因而转向超越传统宗教的领域中进行探寻。

---

① Pierre Berteaux, *La Vie quotidienne en Allemagne au temps de Guillaume II* (Paris: Hachette, 1962).

第二章

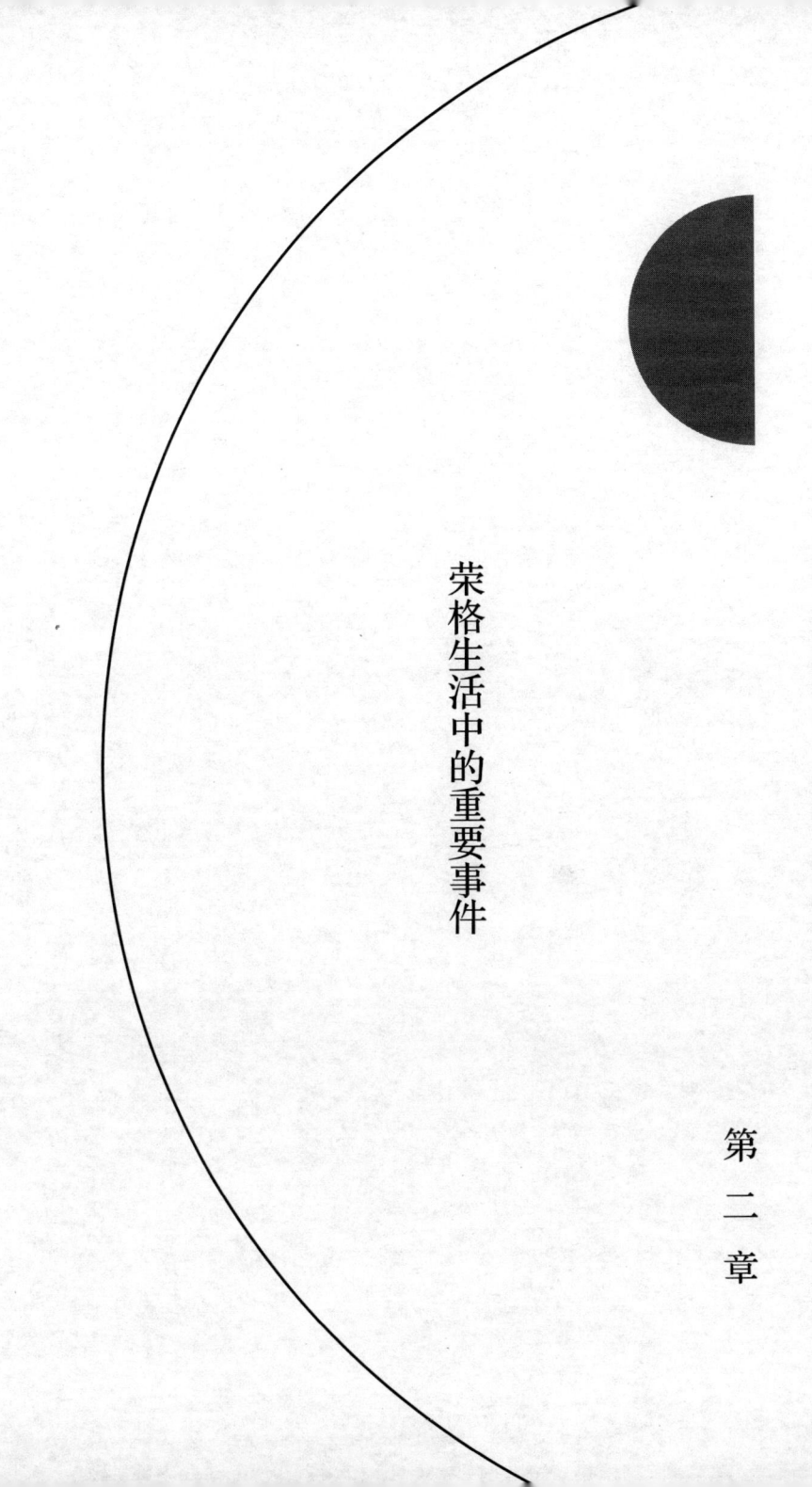

荣格生活中的重要事件

第二章 荣格生活中的重要事件

我们对于荣格生活的了解至今仍不全面。与他相关的各种传记数据不仅简略而且存在极大的缺漏。①虽然其终身挚友阿尔伯特·欧里提供了一些关于他童年及年轻时代的记忆,②但关于荣格生活的文字记录的确很少。这与弗洛伊德有伯恩菲尔德与吉克霍姆、阿德勒有威德曼斯泰特对他们进行详细研究的情况大大不同。或许唯一的例外就是古斯塔夫·施泰纳对于荣格在学生会活动记录的研究,其数据来自学生会的数据文件。③荣格一直婉拒朋友记述其生平的建议,直到1957年末,荣格已是82岁高龄,才回心转意,写下自传的第一章;其余部分则由其口述,秘书记录整理,最

---

① E. A. Bennet, *C. G. Jung* (London: Barris & Rockliff, 1961), 这本书是以荣格晚年的访问记录为根据。

② Albert Oeri, "Ein paar Jugenderinnerungen," in *Die kulturelle Bedeutung der komplexen Psychologie* (Berlin: Springer, 1935).

③ Gustav Steiner, "Erinnerungen an Carl Gustav Jung. Zur Entstehung der Autobiographie," *Basler Stadtbuch* (1965).

后编辑成书出版。①虽是如此，仍有极多的不足与矛盾存在于荣格自己的说法与其他来源的叙述之间。②任何人都会怀疑，82岁的老人如何能正确无误地忆起他最早年的生活。荣格为数众多的信札有一小部分已经出版，但仍有许多未被刊印发行。

在巴塞尔的官方数据记录中，荣格于1875年7月26日诞生于康斯坦斯湖畔，该地属于图尔高州的凯斯威尔教区。③半年后，一家人搬到了劳芬教区附近的沙夫豪森，并在那里住了三年。他们的住所非常靠近莱茵瀑布，虽然景色美如画卷，但对于一个年幼的孩子来说，却不免让他感到害怕。如果我们阅读他的自传中关于早年经历的部分，就能了解到他的感受。

1879年，荣格尚未满4岁，全家又移居克莱因辛根，那

---

① 自传的主要部分先是连载于1962年8月31日至1963年2月1日的周刊 *Die Weltwoche*（Zurich），后来结集成书：C. G. Jung, *Erinnerungen, Träume, Gedanken, Aniela Jafffé*（Zurich: Rascher, 1962）。英文译本 *Memories, Dreams, Reflections*（New York: Pantheon Books, 1963）并不完备。

② 举一个例子：欧里提到荣格在很早的时候便决定要当医生；但是在其自传中，荣格提到这决定其实是突如其来的，是在即将要注册进大学之前，受到两个梦的影响才做此决定。

③ 所有荣格家族成员的名字、生日及出生地，都来自巴塞尔市的户政司。

是位于莱茵河畔住满农人和渔夫的小村庄。[1]今天的克莱因辛根位于巴塞尔的郊区，并在1908年工业化（并被纳入巴塞尔市）。这个村庄的乡村居民已被来自其他地方的工人所取代，他们纷纷进入化工厂和巴塞尔港工作。然而，在遥远的年代里，这个地方仍由教长统治着。荣格与农民的孩子们一同上学。该地的牧师住在一座古老的大宅，拥有花园和马厩。这所房子曾经属于富裕的伊瑟林家族，门上仍可见到雕刻着三朵蔷薇的家徽。在当时，这种贵族式的建筑风格与乡村牧师的生活方式非常不协调。

我们对于荣格的童年所知不多。欧里仅仅提到他对其他小孩所做的一些恶作剧。在荣格的自传中，他强调儿时幻想、梦及焦虑的重要性，他虽然与农民的小孩一起上学，但他已意识到自己与他们的不同之处。在荣格的记忆中，6岁时，父亲就开始教他拉丁文，虽然日后他可以熟练使用拉丁文，但远远比不上他的父亲。

在1886年的春天，年仅11岁的荣格开始在巴塞尔的大学预科学校就读。在他的自传中提到，这是他艰难岁月的开始，因为他与同学们的相处并不友好。他在拉丁文方面表现出色，但在数学方面却非常糟糕。有趣的是，他的经历

---

[1] Justin Gehrig, *Aus Kleinhünigens vergangenen Tagen* (Basel, 1941).

与安德烈·纪德①非常相似。有一天，一个同学将他狠狠地推倒在地，他晕倒了片刻，但在恢复意识后假装继续昏迷，持续了相当长的时间，目的是吓唬那个小恶霸。从那以后，每当他想逃避上学或完成作业时，他都会失去知觉。有六个月的时间，他几乎没有上学，大部分时间都在乡野中徘徊或沉浸在白日梦中，医生们束手无策，其中一位甚至认为他罹患了癫痫。有一天，荣格偶然听到父亲在与访客交谈时表达了对他未来的担忧，这使小男孩突然意识到生活是严肃的，他必须为自己的未来做好准备。从那时起，他努力控制晕厥的发作，并重新回到学校。这个事件不仅展示了儿童时期神经症发展的过程，也展示了自然康复的可能性。安德烈·纪德则没有如此幸运，他的整个童年可以说完全毁于类似的神经症。②由此，我们也可以预见荣格心理治疗的主要信念之一——将病人带回到现实。

自那次事件之后，荣格的求学过程似乎顺利进行。然而，在他的自传中，他很少提及他的学业和导师，反而更加强调他内心世界的生活：梦境、白日梦、幻想和直觉。当他见到一辆18世纪的古老马车时，他立刻感受到那个时代的生

---

① 安德烈·纪德（Andre Gide, 1869—1951），法国著名作家。
② Jean Delay, *La Jeunesse d'ndré Gide* (Paris: Gallimard, 1956).

活，并展开了前世的记忆。他好像拥有两个人格：一个是对环境及一些未知事件感到焦虑不安的神经质的小男孩；另一个则是别无人知，活在18世纪的声誉卓越的男人。①此外，年轻的荣格对于书籍的涉猎相当广泛。他深受叔本华的影响，因为当时悲观主义哲学正处于最受欢迎的时期；此外，他也受到了歌德的《浮士德》的影响，通过这部作品，他看到了对"邪恶"的诠释。在15~18岁这段时间，荣格产生了信仰上的危机，他的自传中花了很多篇幅记载此事，他常常与父亲进行冗长、无趣又一无所得的讨论。他以此方式获致了某种面对宗教的态度。在他事后的叙述中，我们可以看出荣格对待宗教持有一种善意的态度。他说："我无法相信我所不知道的事物，但对于我已经知道的事物，我必须要去相信。"

荣格在1895年春天通过了毕业考试。②据欧里所述，他极其幸运，因为当时的毕业成绩是以平均成绩为准，这使他能弥补数学的弱点而达到毕业标准。选择志业的时候来临，他选择了医学。他的父亲为他争取到了在巴塞尔大学的奖学

---

① 虽然荣格从未为此人格命名，这个第二人格极有可能就是歌德，借以隐喻和他祖父有关的传说。
② 由汉斯博士（巴塞尔人文中学主任）所提供的数据。

金（需要注意的是，当时的奖学金非常罕见，通常只颁发给非常贫困的学生）。那时，荣格的父亲已经身患绝症，次年便去世了。1895年4月18日，荣格注册进入巴塞尔大学医学院，在接下来的几年中，从当年夏季到1900年和1901年的冬季，他在医学院度过了他的学生生涯。①就在1896年1月28日他还是大一学生时，父亲去世了，留下他与母亲、妹妹同住，也使他成为一家之主。之前，他们已在比宁根另觅一小村舍作为安身之处，每日从新家徒步上学。荣格用五年的时间完成医学院学业，远短于规定的年限，因此可以推测他极其努力于学业。

尽管如此，荣格仍然抽出时间参与学生活动。在1895年5月18日，他加入了瑞士学生组织"卓芬嘉"（Zofingia）在巴塞尔的分支机构。根据施泰纳的描述，这个分支机构大约有120名成员，分别来自神学、哲学、法学和医学四个学院。每周的例会上，平均约有80人出席。②欧里也是该组织的成员，但荣格对于组织的舞会或成员之间的嬉闹并不感兴趣，而是对于傍晚时讨论的哲学、心理学和神秘主义等议题

---

① 巴塞尔市的文献室所提供的数据。
② Gustav Steiner, "Erinnerungen an Carl Gustav Jung. Zur Entstehung der Autobiographie," *Basler Stadtbuch* (1965).

怀有极大的热情。施泰纳也记录了荣格如何赢得听众的心，他对于像斯韦登伯格、麦斯梅尔、尤斯图斯·克纳、隆布罗索等人的学说极感兴趣，但最让他感兴趣的还是叔本华。如我们随后将提到的，荣格的讲稿及讨论时的发言都保留在该社的档案中，这使我们得以将分析心理学的几个基本信念追溯到其生涯的极早期阶段。施泰纳同时也提及荣格的优越感，他曾自吹自己是歌德的后裔，施泰纳说："困扰我的不是这个传闻本身，而是他竟然亲口告诉我们这件事。"在荣格的自传中，他写道自己发现尼采的《查拉图斯特拉如是说》是他这段时期的重要事件之一。这本书深深吸引了他，就像它吸引了许多同一时代的年轻人一样。荣格还叙述了一个发生在某个夏日的事件，那时他正在房间里工作，母亲坐在餐厅的窗前编织。他们都听到了一声类似爆炸的嘈杂声。母亲吓坏了，一张胡桃木圆桌几乎被劈成两半。两周后，爆裂声再次响起，这次声音来自碗橱，一把面包刀的刃裂成四片，像被切割一样整齐。不久之后，荣格得知母亲家族那边有个15岁的、名叫海伦·普莱斯威克的表妹热衷于灵异实验，而且很容易便能阵发性地进入灵媒式梦游状态中。这是荣格人生中的一个重要事件之开端。

当时荣格23岁，他加入了对海伦这年轻灵媒进行研究的团体。①他对这一系列实验所做的记录成为他日后撰写其医学学位论文的基础。其间，他狼吞虎咽般地吸收任何有关通灵论和超心理学的书籍，并且在"卓芬嘉"社团集会中提出讨论，倡导通灵论，宣称佐尔纳和克鲁克斯是科学的殉道者。

在医学院生涯即将结束之时，荣格的兴趣转向精神医学。这是当他拜读了克拉夫特－埃宾的《精神医学教科书》后突然而起的冲动。事实上，对于荣格来说，精神医学并不是完全陌生的领域，尽管他在自传中声称它对他来说是新鲜的。根据巴塞尔大学的档案资料，荣格在1898年至1899年的冬季和1900年的夏季曾跟随威尔教授修习精神医学。此外，他的祖父老荣格对智力不足的儿童表现出浓厚的兴趣，而他的父亲则是弗里德马特精神病院的牧师。当时，在瑞士成为一名精神科医生的唯一途径是在大学精神医院担任助手（即住院医师），然后逐步在医学体系中晋升。然而，荣格感到自己与父母双方的家族关系过于密切，因此他希望离开巴塞尔，于是申请进入苏黎世著名的布戈泽利精神病医院工作。

---

① 这位年轻灵媒的身份现在已不再是秘密。她是荣格舅舅鲁道夫·普莱斯威克的第十一个小孩。进一步相关的细节可参见修普夫－普莱斯威克（Ernst Schopf-Preiswerk）的著作 *Die Basler Familie Preiswerk* (Basel: Friedrich Reinhardt, n.d.).

大约在1899年10月,荣格已通过最后的测验,在阿劳服完第一阶段的兵役(就是所谓的新兵学校阶段)。[①]然后,他于1900年12月11日在布戈泽利医院展开其新生活。[②]

这位新来的住院医师,在门房的引领下进入了一间接待室。不久之后,厄根·布洛伊勒教授走进来,用简短的话语向他表示祝贺和欢迎。尽管荣格委婉地拒绝了,但布洛伊勒仍然帮他提起行李箱,亲自将其送到住院医师办公室。从那一刻起,这个年轻人就仿佛进入了某个精神科修道院。厄根·布洛伊勒本人就是工作和责任的典范,他对精确性的要求不仅适用于同事,也适用于自己。他的工作量极大,对病人付出了无尽的奉献。住院医师必须在早上8点半参加晨会前进行查房,并完成有关病人的报告。每周大约有两到三次的新住院病人讨论会,在早上10点举行,由布洛伊勒亲自主持。每天傍晚5点至7点之间进行晚间回诊。因为没有秘书,所以住院医师需要亲自打理病人的报告,往往工作至深夜10点至11点。晚上10点,医院大门便上锁了,资历浅的住院医师并没分到钥匙,若是他们要在锁门之后返回医院工作,就必须向资深者借钥匙。布洛伊勒对病人非常投入,每天到病

---

① 感谢其子弗伦茨·荣格提供荣格军旅生涯的细节。
② 感谢布戈泽利医院院长曼弗雷德·布洛伊勒提供信息。

房探视病人4至6次。在布戈泽利医院最辉煌的岁月中,阿方索·玛伊德医师曾在那边待过,他有以下叙述:

> 病人是我们关注的重点,学生学习如何与他们进行交流。布戈泽利在那时好像是一家工厂,工作量很大,但待遇却很低。尽管如此,无论是教授还是年轻的住院医师都对工作投入了深深的热情。每个人都被要求保持戒酒。布洛伊勒对每位同事都非常友善,不摆架子当主任。①

雅各布·怀尔施教授也补充说明当时的情景:

> 布洛伊勒从未对任何一位住院医师发表过严厉的批评,如果有事情没有完成,他只会询问原因。他并不专横。午餐后,他经常会来到住院医师办公室,与大家一起喝咖啡,并询问内外科的最新进展。他这样做的目的并不是测试住院医师的知识,而是让自己一直保持在新知识的前沿。②

---

① 玛伊德医师私人说法。
② 怀尔施教授私人说法。

荣格曾述及他刚到布戈泽利的前六个月是如何度过的。他完全与外界隔绝，也无法好好认识同事；闲暇之余苦读了五十册的《当代精神医学全集》。极不寻常的是，在荣格的自传中竟然从未提起布洛伊勒。荣格回忆他初到布戈泽利时，精神科医师们只忙着对症状做描述及对替病人下诊断有兴趣，精神病人的心理历程丝毫不受重视。他这种说法和所有曾与布洛伊勒共事过的人的看法大相径庭。在最初的一年里，他同时还在巴塞尔完成了军官训练课程，并被授予瑞士陆军少尉的军衔。他在1902年正式发表了以他年轻的灵媒表妹为主题的医学论文。

在1902年至1903年的冬季，他请假前往法国巴黎，并在那里停留了一段时间，拜师于让内。然而令人困惑的是，在他的自传中，他没有提及这段经历。根据荣格周围的人提供的信息，他在巴黎并不是一个特别勤奋的学生，花了相当多的时间游荡。回到布戈泽利后，他立即重返工作岗位。1903年2月14日，他与沙夫豪森工业巨头的女儿艾玛·罗森巴赫结婚。布洛伊勒在此时引入了当时仅有的心理测验，应用于临床上，并要求荣格参与"词语联结测验"的实验，这是荣格随后极有成就的一个领域。

那个时期，熟悉荣格的人对他有以下印象——荣格即将成为一位前途无限光明的大学精神科医生。对他来说，1902年是一个收获颇丰的年份。首先，他被任命为首席医生，相当于美国医疗机构中的临床主任，这意味着他在医院中的地位仅次于布洛伊勒。其次，他被任命为门诊部门的主任，尽管催眠治疗已经逐渐被其他形式的心理治疗所取代。再次，他在大学获得了令人羡慕的"不支薪讲师"头衔，从1905年到1906年的冬季开始教授精神医学课程，并附带临床案例演示。随后，在1906年夏天，他开设了心理治疗课程，并亲自示范。接下来的几年，他在冬季的课程中教授"歇斯底里症"，夏季则教授心理治疗。①

荣格与几位共同进行"词语联结测验"研究的同事于1906年将研究成果结集出版，同时也与弗洛伊德开始通信。从此以后，他便决定全力献身于精神分析。萨芬堡对弗洛伊德的歇斯底里理论曾提出温和的评论，然而，这篇文章引起了荣格于1906年11月进行了尖锐的辩论。1907年2月，他前往维也纳拜访了弗洛伊德。同年9月，在阿姆斯特丹举行的国际精神医学会议上讨论了歇斯底里症的议题，荣格成为弗

---

① 阿科涅希特教授帮助作者向苏黎世大学文献室取得荣格在当不支薪讲师时的课程名称。

洛伊德的代言人。同年11月26日，在苏黎世医学会上，他发表了关于精神分析的演讲，引起与会者的热烈讨论。在讨论的过程中，布洛伊勒全力支持了他的观点。① 同年，荣格出版了《早发性痴呆心理学》，这是深度研究精神病患者的心理的首本专业书。在这段时间，布戈泽利的所有同仁都深为弗洛伊德的观点所吸引，并尽可能地以此来对精神疾病进行理解。

1908年，荣格按照自己的理念设计并建造了一座美丽壮观的宅邸，位于苏黎世湖畔的屈斯纳赫特。此时，他已经在国际上享有盛誉。他受邀前往美国马萨诸塞州参加克拉克大学成立二十周年的庆典，而弗洛伊德也是受邀的嘉宾之一。在1909年9月的庆典上，他们发表了学术演讲。

几乎同时，荣格离开了布戈泽利医院，搬到屈斯纳赫特居住，并在那里度过了以后的岁月。这一职业生涯的转变引起了许多猜测，但毫无疑问的是，他与布洛伊勒之间出现了明显的冲突。荣格似乎过于专注于心理分析，而忽视了医院的职责，导致两人意见不合，不时发生摩擦。② 自此以后，

---

① C. G. Jung, "Ueber die Bedeutung der Lehre Freuds für Neurologie und Psychiatrie," *Korrespondenz-Blatt fur Schweizer Aerzte*, XXXVIII (1908).
② 玛伊德医师告诉我，他曾多次目睹荣格当众取笑布洛伊勒。

荣格专心致力于其日益蓬勃的私人诊疗业务，而且在1909年至1913年之间，在精神分析运动中扮演重要的角色。他是国际精神分析学会的首任会长，也是世界第一份精神分析期刊《年鉴》的主编。他从1910年开始，每年夏天都会在苏黎世大学讲授"精神分析入门"的课程。

关于弗洛伊德和荣格之间的故事，长期以来我们所听到的都是来自弗洛伊德及其门徒的版本。荣格只在1925年某次与一小群学生的学术讨论会上和他于1962年出版的自传中陈述过这段历史。荣格从未隐藏过他对弗洛伊德及其理论的赞赏，但对他来说，弗洛伊德扮演了父亲的角色，而这一特点在弗洛伊德的学生们和让内身上无法找到。弗洛伊德也一直在寻找能够继承他衣钵的传人，他相信荣格是最佳人选。因此，在这段时间里，两人对彼此都怀有极高的期望。由于不仅荣格本人，连他的老师布洛伊勒也公开为弗洛伊德的理论进行辩护，使得他们之间的关系更加深厚。然而，从一开始，两人之间就存在着根本性的误会。弗洛伊德要找的，是能毫无保留地全盘接受其教谕的门徒。布洛伊勒与荣格这边则视彼此为合作关系，要求更自由的空间。合作开始时，双方因善意而能维持关系。荣格和他的祖父一样，具有好胜但又能屈能伸的天性；同时，除了在俄狄浦斯情结和原欲理论方面毫不退让外,弗洛伊德具有相当的耐心和妥协能力。然而,这两点正是荣格无法接受的观点。因此,弗洛伊德谴责荣格是机会主义者,而荣格则反斥弗洛伊德是充满威权心态的独断论者。关于弗洛伊德和荣格之间关系的真相,恐怕需要等待彼此间的通信被公开发表后,我们才能够一窥全貌。

当时,精神分析并不是一个统一的学派。玛伊德曾经解释过当时的情况,即便弗洛伊德在维也纳精神分析阵营中具有完全的控制力,他也无法完全控制苏黎世的成员。[①]苏黎世的精神分析师觉得自己有全然的自由去发展各自的想法,因此初期的分歧终究无法再被掩盖住。首次严重的分裂发生于1911年荣格发表《原欲的变形与象征》之后,从1911年12月至1912年2月,苏黎世的精神分析师发生了激烈的论战,荣格以弗洛伊德护卫者的姿态介入。1912年11月,荣格受邀前往美国纽约发表关于精神分析的演讲。在演讲中,他将自己的理论阐述为对弗洛伊德最基本概念的完全发展。这引起了弗洛伊德对荣格的疑虑和不满。然而,到了1913年8月,在伦敦举行的国际医学会上,弗洛伊德仍然派荣格去对抗让内,但荣格在会上主要发表了自己的观点。随后,在慕尼黑举行的国际精神分析学会会议上,荣格与传统精神分析阵营之间

---

① 玛伊德医师的私人说法。

的冲突更加明显。1913年10月，荣格辞去了精神分析学会和《年鉴》杂志的职务。同时，他也放弃了不支薪讲师的头衔，在1913年至1914年的冬天授完最后一堂课后，他正式与苏黎世大学断绝了关系，如同他在1909年脱离布戈泽利医院一样，他在1913年脱离了精神分析学会。①这一连串的事件标识了一个过渡期，从1913年至1919年，这六年恐怕是荣格生涯中最不为人知的岁月，只有在荣格的自传出版后，我们才全盘明了其意义。

众所周知，荣格在与弗洛伊德决裂并辞去苏黎世大学教职后，投身于私人医疗业务。在第一次世界大战期间，他经常被征召入伍，每年都有几个月的时间在服役，因此，1914年至1919年期间，他发表的论文极少。在1925年的某次学术研讨会中，他揭露了自己在这数年中，面对自己的潜意识时的各个不同阶段。这些实际情况，最初只有一些身边的人知道，现在通过他的自传已为公众所熟知。这些都有助于我们理解荣格的学说和其起源。

荣格曾经在布戈泽利医院与严重精神病人相处过一段相当长的时日，并对他们的妄想与幻觉所表现出的象征的普遍

---

① 根据玛伊德的说法，荣格之所以辞职是因为苏黎世大学拒绝授予其教授的头衔。

性表示惊讶。这就是后来他所称的"原型"（archetypes）。根据上述观察，他认为在弗洛伊德所关注的被潜抑的表现构成的领域之外，在无意识中必然存在一个独立的领域。这一时期荣格处在35岁至38岁之间，按照他自己的理论，个体在这一时期正处于"生命的转折点"。在那时，他与阿尔伯特·欧里以及三个年轻的朋友一起在苏黎世湖进行了为期四天的旅行。阿尔伯特·欧里以沃斯经典的德文译本对着其他人大声朗诵荷马史诗《奥德赛》中的"涅其亚"（Nekyia，描写尤利西斯到"死者之域"的旅程）。[1]似乎在1910年至1913年间，荣格开始对潜意识的未知领域进行探测，他让潜意识的素材浮现在梦或幻想中。然后，采取决定性步骤的时刻来临了，他奋不顾身地将自己掷入这孤独且危险的尝试中。

这一新的实验相当于弗洛伊德的"自我分析"。尽管方法大不相同，但荣格应该对其绝不陌生。弗洛伊德惯用自由联想法，荣格则采取两种方式让潜意识意象浮现于意识中。一种方法是，他每天早晨记录或绘制他在梦中所见的内容。另一种方法是通过讲述故事的方式，他迫使自己尽可能延长

---

[1] C. G. Jung, *Erinnerungen, Träume, Gedanken* (Zurich: Rascher Verlag, 1962).

故事的内容。这种方法是写下自己想象中在不受限制的情况下能够讲述的一切。根据荣格的说法，他在1913年12月12日开始了这样的尝试。起初，他想象自己挖掘地下通道和洞穴，遇到各种奇异的生物。到了12月18日，这些潜意识的原型表现得更加直接，荣格梦见自己和一个年轻的野蛮人在一座荒山上，他们在那里杀死了古德国的英雄齐格弗里德。荣格认为，这个梦意味着他必须超越隐藏于自身的秘密英雄形象。① 在地下世界中，他的幻想引领着他遇到老人埃利亚斯，其身旁伴随着年轻的盲女莎乐美，之后又来了一位饱学的聪明之士腓利门。与腓利门交谈后，荣格认识到，人原来可以自我教导自己未知的事物。

但是整个原型所构成的世界似乎随时可能吞噬他，荣格也意识到这种练习的危险性，因此他制定了一些自定义规则。首先，他必须与现实密切联系。幸运的是，他已经有了房子、家庭、职业和诊所，他强迫自己必须小心翼翼地对待并履行这些责任。其次，他必须仔细检查任何从潜意识中冒出的意象，尽可能用意识层面的语言来解释它们。再次，他必须确定被揭露的潜意识有多少能化为行动并融入日常生活

---

① 我偶然从玛伊德医师处得知，不喜欢荣格的一群维也纳精神分析师都称他为"金发齐格弗里德"（The Blond Siegfried）。

中。荣格认为，因为自己严守了这些规则，所以能遁入心灵的冥府（Hades），而从毁灭性的试验中胜利地全身而退。荣格认为尼采也有过类似的经验，后者的《查拉图斯特拉如是说》就是原型素材的一次猛烈爆发，但因为尼采在现实中的根基不够稳固，独居又无业，结果被吞噬而全然地淹没于其中。

荣格在实验中有过的最特殊经验是，某天当他在潜意识的引导下书写时，自问："我正在从事的是真正的科学吗？"结果，他听到了一个女人的声音冒出来："这是艺术！"他否定这样的说法，但女人的声音仍坚持这是艺术，他们因此谈了一会儿。荣格因而感受到，在自己体内存在自主性的女性亚人格，他称"她"为"阿尼玛"（anima）。阿尼玛以某个当时对荣格有影响力的女性的声音与他交谈。荣格认为阿尼玛告诉他的并不真实，在长期面对阿尼玛后，他了解到，自己与那女人的关系有利有弊，真正的关键在于如何与之建立起一种适当的关系。

当荣格觉得有必要对来自潜意识的信息进行进一步推演时，整个过程又向前迈进了一步。根据他的自传记载，在1916年的某个星期天，他听到门铃响了，但当他去开门时，却没有看到任何人。那时，他感觉好像有一群鬼魂闯入了家里。荣格自问："这一切到底代表着什么？"这时，仿佛有人异口同声地回答他："我们是在耶路撒冷未能找到所寻之物而返回的鬼魂。"于是，这个回答成为他在接下来三个晚上写下的《对死者的七次布道》的开头语。这部作品由私人出版，作者署名为亚历山大的巴西里德。①随后，他又完成了《黑皮书》（*Black Book*）与《红皮书》（*Red Book*），二者都未曾付梓，但都具有"新诺斯底教派"的色彩。

荣格逐渐感到自己似乎正从漫漫长夜里挣脱出来，于是他有了另一个惊人的发现：至目前为止，他所经历的整个过程其实有其目的；此过程引导着个体去发现自己人格中最私密的组成部分——"自体"（the self）。②由潜意识至意识、由"自我"（ego）至"自体"的过程，荣格称之为"个体化"（individuation）。第一次世界大战将结束之时，荣格发现当个体化过程有决定性进展时，通常他的梦中会出现一个特殊人物，类似于印度的曼陀罗。1919年初，荣格终止了他的实验。从此，带着全新想法的"全新"的荣格应运而生。从此刻开始，他在往后的岁月中均投身于这一新方法的

---

① 荣格《对死者的七次布道》曾重印于德文原版的自传中。

② "自我"（self）一词并无法完全覆盖德文"Selbst"的含义，这点将于稍后讨论。

应用及推广上。

因此，我们可以清楚地看到，1913年至1919年这个过渡时期是荣格的"创造性疾病"阶段。这一特征与前文提到的弗洛伊德的疾病相似。这两位学者都患有创造性疾病，而这种疾病发生在他们长时间专注于人类灵魂的奥秘之后。弗洛伊德和荣格都将自己限制在自己的世界中，尽量减少与学术界、专业组织或科学机构的联系。两者都受情绪困扰。弗洛伊德曾提到自己的"神经衰弱症"或"歇斯底里症"。荣格则花时间在湖边沉思，或用小石子堆砌堡垒。他们以各自的方式进行自我心灵训练。弗洛伊德通过自由联想的方式寻找他童年时期遗忘的记忆，而荣格则强迫自己进行想象并描绘自己的梦境。尽管最初这些活动给他们带来更多的痛苦，但对于他们来说，这都是某种形式的自我治疗。同时，这些实验也都具有危险性。弗洛伊德与弗里斯之间矛盾的情谊可以解释为前者试图与外界现实保持联结的一种方式；至于荣格，我们无法确知何种人际关系支撑着他度过这几年，但他刻意对家庭、专业及国家尽责，也许因而使他能避开脱离现实的险境。

荣格的潜意识之旅，我们仅能由1925年他在学术讨论会上的陈述及后来其自传的记载中略知一二。不幸的是，相对于弗洛伊德写给弗里斯的书信,并没有同时代的记录让我们去了解荣格。即便一些关于荣格参与专业活动的资料存在,这些资料也非常零散。荣格自述,在这段时间里,他可以说是完全孤立的,他被所有的朋友抛弃了。这种说法显然夸大了事实,因为他身边仍然有一些追随他的学生。同时,在1916年,苏黎世成立了一个由一小群信仰他学说的人组成的"心理学俱乐部"。①

创造性疾患的终止经常是突如其来的,之后伴随而来的是短暂的欢欣情绪、振奋感及行动意图。在讨论会中,荣格有时会提到,个体克服自己极度的"内向"(introversion)步向"外向"(extroversion)时的感觉,以及那些不再在意社会习俗束缚的重担者所感觉到的"轻松及自由"。

当这种实验成功时,个体的人格会出现永久性的改变。在这个阶段,荣格和弗洛伊德一样,成了具有开创性地位的创始人。然而,相较于弗洛伊德,荣格在克服了创造性疾患之后,更加倾向于直观、心灵体验和富有深意的梦境。另一个特点是,那些进行心灵探索的人倾向于认为私人经验对于整个人类具有普遍的价值。熟悉荣格的人肯定会记得他在谈

---

① 玛伊德告诉我,到1928年为止,他一直是荣格的学生,也与其保持着亲密的关系。

到"阿尼玛""自体""原型"和"集体潜意识"时所表现出的坚定信仰。对他而言，这些都是心灵实体，它们的存在就像环绕在周围的物质世界一样。其存在如同环绕在周遭的物质世界一般确定。

如今，荣格是一个曾经经历了深远内在变化过程的人。他成了新兴心理学派的领导者，也是一位病人争相求助的心理治疗师，特别吸引了许多来自英国和美国的患者。那时他仍与家人一起住在屈斯纳赫特的漂亮大宅中，他和他的妻子育有五个孩子：阿加特，出生于1904年12月26日；安娜，出生于1906年2月8日；弗伦茨，出生于1908年11月28日；玛丽安，出生于1910年9月20日；艾玛，出生于1914年3月18日。荣格的妻子是一位特殊而杰出的女性，同时也是一位合格而出色的母亲和家庭主妇，她对事物充满兴趣。她成了荣格的工作伙伴，并且实际应用他的心理治疗方法。通过他的"潜意识之旅"，荣格带回了大量的"原型"和"象征"，其数量之多，足够他再花二十年的光阴去做进一步的演绎，且将之应用于临床治疗，并结集为专著。

荣格的学生们对他这二十年的生活所做的描述是，他全力投身于心理治疗、教学及书籍的写作。荣格也自述道，从外表看来，他的生活乏善可陈。毋庸置疑的是，这种说法太过简化，因为他曾游历四方，也接触了许多出色的知名人物。

在1919年，荣格在英国"心灵研究学会"的演讲中谈到了对灵魂的信仰。在他的理念中，灵魂只是无意识分裂的一部分对外部世界的投射而已。后来，他再次访问英国，并且逗留更久一段时间。他自述有过奇特的经验，其中一个高潮是他亲眼看见了一个鬼魂。不久之后，他才听说那个房子"闹鬼"的传闻。① 他对于欧洲以外的文明也极具兴趣，所以他于1920年到阿尔及利亚、突尼斯和撒哈拉沙漠的某些地区去观察当地居民的生活和心灵模式。

1921年，荣格最著名的著作《心理类型》出版了。② 这700页的巨著不仅包括了他"内向""外向"及类型系统的理论，还有他对无意识的一般性新理论。后来，他的众多著作实际上只是对他早期著作所建立框架的更详细阐释。

在20世纪20年代初期，荣格结识了备受推崇的汉学家卫礼贤。1923年，荣格邀请卫礼贤在苏黎世的"心理学俱乐部"做演讲。早在卫礼贤将《易经》翻译成德文之前，荣格

---

① Fanny Moser, ed., *Spuk: Irrglaube oder Wahrglaube?* (Baden bei Zurich: Gyr, 1950).

② C. G. Jung, *Psychologische Typen* (Zurich: Rascher, 1921). Eng. trans., Psychological Types (New York: Harcourt, Brace, 1923).

就对中国的神谕表现出了极大的热情，并对此进行了实验，显然也取得了一定的成功。但在往后数年，他却小心翼翼绝口不提他在这方面的经验。这段时间，他在苏黎世参与了布洛伊勒①（Paul Eugen Bleuler）及冯·施伦克-诺丁②（Von Schrenck-Notzing）对灵媒所做的实验，与他们一起工作的还有当时知名的奥地利灵媒鲁迪·施奈德。然而，荣格拒绝对实验结果做结论，甚至只字不提。1923年，荣格在苏黎世湖另一端的波林根购置了一片土地，建了一座塔，作为度假用。

与原始部落的住民接触确实成为荣格认识无意识的一种途径。在1924年至1925年期间，当他访问美国时，他加入了一群美国朋友的行列，前往普韦布洛印第安人部落。他对印第安人所处的神秘氛围深感兴趣，并对一位智者修道士对白人的精准描述留下了深刻印象。一年后，荣格在埃尔贡山的部落停留了数月。据说，他选择了离村庄较近的小茅屋作为住所，以便能与当地居民交谈并观察他们的日常生活，但又不致打扰他们的作息。他对和当地人（尤其是医疗人员）交

---

① 瑞士精神病学家，第一次使用"精神分裂症"一词。
② 德国精神病学家和心理学家。他在催眠术、性学和心灵研究（超心理学）领域享有盛誉。

谈深感兴趣，并逐日记下观察结果。①

20世纪30年代，荣格声名鹊起。1930年，他被"德国心理治疗学会"推举为荣誉理事长。1932年11月25日，苏黎世市议会颁给他"苏黎世文学奖"，他获得了800元瑞士币的奖金。②授奖典礼在同年12月18日于苏黎世市政厅内举行。荣格之所以受到如此的赞许，是因为他使19世纪"没有灵魂的心理学"得以改变；因为他对弗洛伊德所持的片面看法发起抗衡；此外，还因为他的想法对文学界有重大影响，这同时也使荣格自己成为文学评论的对象。

20世纪30年代，荣格重新拾起对灵媒实验的兴趣。虽然这些现象很难被解释，但他已对之坚信不疑。不过，在公共场合他小心翼翼地绝口不提此事。他对炼金术士所留下的文字记录也饶富兴致，并视他们为无意识心理学的先驱。

1933年1月，希特勒掌握了德国政权。因为被迫遵照"国家社会主义"的精神进行重组，"德国心理治疗学会"会长恩斯特·克雷奇默辞职。一个被称为"国际心理治疗学会"的团体于此诞生，荣格担任会长。这个学会本质是所谓

---

① 我曾经问过荣格为何他未出版自己对埃尔贡人的观察结果。荣格的回答，因为自己是个心理学者，所以不想越界去触及人类学者的领域。荣格本次和其他多次旅行的记录可参见其自传。

② 苏黎世文献研究员保罗·盖伊博士所提供的资料。

的"掩护性组织",它的成员包括个人会员与各国原有的学会(其中一个成员国就是德国)。根据荣格事后的解释,这个学会让那些被德国学会逐出的犹太裔心理治疗师得以用变通的方法继续待在原组织中。

从1933年10月至1934年2月,荣格在苏黎世的瑞士理工专科学校开课,讲授"心理学史"。在课程中,他回溯了自笛卡尔以来的哲学家的心理学思考方式,尤其重视费希纳、卡鲁斯和叔本华。但在课堂上,他谈的大多是尤斯图斯·克纳(Justinus Kerrer)①及"普福尔斯女先知"(The Seeress of Prevorst)。弗洛诺罗也因他对海伦·史密斯的研究,获得其认可。

1934年2月,古斯塔夫·贝里对于荣格竟然能在心理治疗学会中继续任职而且担任《心理治疗中央报》的总编辑而惊讶。②荣格的回答是,贝里有所误解。对荣格而言,要丢下这些不管其实很轻松,但他宁可冒着被误会的风险而对德

---

① 德国浪漫主义诗人,抒情作家以及医生。他最为人所知的是他关于"普福尔斯女先知"的研究。普福尔斯女先知,即弗里德里克·豪费,是一位声称能接收到灵界信息的德国神秘主义者,克纳对她的所谓通灵能力进行了详细的记录和研究,这些研究成了19世纪神秘主义者和超自然现象研究的重要文献。

② Guslav Bally, "Deutschstammige Psychotherapie," *Neue Zürcher Zeitung* (1934).

国同道们伸出援手。①荣格解释道,自己并不是在"德国心理治疗学会"中取代克雷奇默,而是在新成立的"国际心理治疗学会"中膺选为会长。他挺身为自己辩解,说明其立场并不是倾向纳粹或"反犹太主义"。贝里对他的辩解并没回应。时隔多年,贝里在文章中以难能可贵的中立立场赞许荣格的心理学,对他报以相当的理解。②

1935年,荣格被瑞士理工专科学校任命为心理学名誉教授。同年,他创立了"瑞士应用心理学学会"。1936年9月,他被邀请为哈佛大学建校三百周年庆祝典礼的贵宾。会上他宣读了一篇论文,并被授予科学荣誉博士的头衔。

1937年末,荣格应邀参加印度加尔各答大学建校八十周年庆,该校赞助他到印度和斯里兰卡各地旅行。③然而,由其自传可知,荣格较在意的其实是自己如何去发掘真理,而不是聆听印度智者之言。无论如何,那是一次深具启发性的旅行。④1938年,他获颁牛津大学荣誉博士学位,并于1939

---

① C. G. Jung. "Zeitgenössisches," *Neue Zürcher Zeitung* (1934), "Ein Nachtrag," *Neue Zürcher Zeitung* (1934).

② Gustav Bally, "C. G. Jung," *Neue Zürcher Zeitung*, December 23, 1942, No. 2118, Blatt 2.

③ 根据加尔各答大学的记录,荣格于1938年1月7日获颁法律学荣誉博士学位,但他因为疾病,无法亲自与会。

④ 荣格对印度的印象发表于以下两篇文章:《*The Dreamlike World of India*》和《*What India Can Teach Us*》。

年5月15日在伦敦接受了"皇家医学会"荣誉会员的头衔。

当国际局势趋于危急时，原本对国际政治不甚关心的荣格也开始关注国际局势。在许多杂志的访问中，他尝试去分析各国领袖的心理状态，尤其针对那些独裁者。1937年9月28日，荣格在柏林仔细地观察了墨索里尼与希特勒会面的历史性时刻，前后约有四十五分钟之久。自此以后，群体性精神病发作（mass psychoses）及威胁人类生存的危险人物，逐渐成为他注意力的焦点。

在1943年10月15日，由于荣格在心理治疗方面的杰出贡献，他被聘为巴塞尔大学的医学心理学教授，主要负责心理治疗的教学工作。然而，在上了几堂课后，他因为身体不适而辞去了这个职位。最终，他在家乡取得了他二十年前在苏黎世未能获得的学术认可。

第二次世界大战结束之际，荣格的学术生涯迎来了新转折点。通过他的自传，我们对他至今未为人知的进展有了进一步的了解。荣格在自述中提到，在1944年初，他摔断了腿并患上心肌梗死，导致他失去了意识，并自觉接近死亡。在那个时刻，他似乎拥有了广阔如宇宙的视野，仿佛从远处凝视地球，同时他的整个人格似乎只是他生命中言行的总结。就在他似乎要进入某个宗教庙宇时，一位医生前来探望他。医生的外貌看来正像柯斯（Cos，希波克拉底的故乡）之王，他将荣格带回到地球上。荣格当时的印象是自己获得了拯救，医生却身陷危境。事实上，医生在数周后的确出乎意料地骤然离世。荣格宣称，一开始自己对于重拾生命的感觉极度的失望。事实上，他的内在已起了变化，这反映在他之后的作品中，其思想呈现出全新的方向。现在，他已是"屈斯纳赫特的智慧老人"。他利用余生所写下的书，本本都大出其学生的意料之外。其著作《答约伯》即是其中一例。除了著书之外，他也与来自世界各地的访客讨论，并承受泉涌般的赞誉与毁谤。

第二次世界大战结束后，由于他在1933年至1940年间的言行，荣格被指控有亲希特勒及反犹太主义的倾向，因而成为被攻讦及控诉的目标。①这一指控发生在他的犹太籍会员身份被注销且克雷奇默辞职后，出任纳粹控制下的"德国心理治疗学会"会长之职时。而他们指责他反犹太的理由，源自他的一篇讨论犹太人及雅利安人（泛指北欧非犹太裔白种人）的心理治疗的文章。②关于这点，荣格的朋友为其答

---

① 本运动由舒瓦兹及穆拉特于瑞士社会主义者的圈子中发起，随后发展扩之一些犹太期刊中，几年之后更由一小群精神分析师予以更新。

② 这些语句见于荣格的文章："Zur gegenwärtigen Lage der Psychotherapie," *Zentralblatt für Psychotherapie*, VII (1934).

辩：首先，荣格从未从克雷奇默手中接下"德国心理治疗学会"，他接受的是"国际心理治疗学会"会长之职，目的在于帮助犹太籍会员。①而且，在1934年当时，人们仍然相信他们有可能与纳粹进行协商。甚至晚至1936年时，琼斯仍在巴塞尔与戈林及其他纳粹运动的狂热代表们碰面。②其次，控诉者所指控的那些文字其实并无反犹太的色彩。荣格所持的观点是，心理治疗并无普遍适用的方式，比如"禅"与"瑜伽"可能在日本或印度奏效，但不见得适用于欧洲。同理，瑞士人世代深植于特殊文化的结构中（包括家庭、市镇、州、联邦），而犹太人四处漂泊，容易同化于落脚的国家。二者自然需要不同的心理治疗方式。③事实上，荣格所说的犹太人缺乏文化认同，与西奥多·赫茨尔及犹太复国运动者的看法相去不远。荣格其实和许多当代的其他人一样，起初都低估了纳粹的邪恶力量。荣格的祖父身为德国国家主义者并参与了民主运动，这一运动于1948年被革命摧毁，

---

① 如果说荣格真的如琼斯所误称的一般，接替了克雷奇默在德国精神分析组织中的职位，后者在其自传中必然会对此有所提及。然而，克雷奇默却从未说过任何相关的事，而且一直对荣格抱支持的态度。参见Ernst Kretschmer, *Gestalten und Gedanken* (Stuttgart: Thieme, 1963)。

② Ernest Jones, *The Life and Work of Sigmund Freud* (New York: Basic Books, 1957)。

③ Ernest Harms, "Carl Gustav Jung-Defender of Freud and the Jews," *Psychatric Quarterly*, XX (1946)。

也许荣格深受此记忆影响而在潜意识中认同了早期的纳粹运动，将自己比拟为1848年爱国并具创造热忱的德国青年。在1945年的文章中，他谈及当他了解了这骇人真相时的感受。①

在这段时间，荣格及其工作成果仍受到各方的赞誉。1945年7月26日，日内瓦大学授予他荣誉博士的头衔。英国创立了《分析心理学期刊》。荣格与他的美国朋友保罗和玛丽·梅隆保持着密切的私人关系，他们创立了波林根基金会，为荣格的著作的英文译版提供了资金支持，包括《荣格全集》和其他学术论著。

此外，一个由瑞士、英国和美国社会名流组成的委员会发起了成立"荣格学院"的提议，于是该校于1948年4月24日在苏黎世正式成立。学校主要教授荣格的理论及分析心理学的方法。课堂上以英语及德语教学，并提供分析训练的机会。校内有一所装潢漂亮的图书馆，典藏了荣格未出版的研讨会或演讲的记录。该校也鼓励有关荣格理论的研究，并协助研究结果的出版。

荣格终其一生都深受诺斯底教派的吸引。1945年，在

---

① C. G. Jung, "Nach der Katastrophe," *Neue Schweizer Rundschau*, XIII (1945).

埃及南部汉诺布斯基恩的村庄中，一批诺斯底教派的手稿出土，这消息令荣格十分振奋。他的一个朋友正好负责此项任务，他相信他通过这位具有影响力的朋友必然可以取得部分手稿。果然，他于1953年11月在苏黎世取得该手稿，之后他将该经典公之于世，命名为《荣格抄本》。荣格在相关学者的协助下出版了该批手稿。

1955年，在荣格80岁高龄的这一整年中，各界对其推崇备至。该年在苏黎世举办的国际精神医学会是由曼弗雷德·布洛伊勒教授担任主席，他是厄根·布洛伊勒之子。厄根·布洛伊勒正是当年荣格在布戈泽利医院修习精神医学时的启蒙恩师。荣格应邀在会上演讲精神分裂症的心理学，这是他从1901年便开始观察研究的主题。但在他80岁这一年间，责难他曾是纳粹同路人的声浪再度被挑起。据说，他曾巧妙地隐藏自己反犹太的情绪，等待希特勒确定能席卷欧洲时，才将此表现出来。荣格也被认为在1913年背叛了弗洛伊德，并意欲在1933年摧毁精神分析运动。[①]荣格的一群犹太籍学生在《以色列周报》上对此提出辩解。荣格的朋友认为这项指责是由于他人对于他的某些文章被断章取义或误译所致，他们强调荣格本人已公开反对反犹太主义，也曾对瑞士

---

① Ludwig Marcuse, "Der Fall C. G. Jung," *Der Zeitgeist* (1955).

境内的犹太难民施以援手，因而其名字也被纳粹列入黑名单之中；他的作品在德国本土或德国占领区都被查禁。即使如此，反对荣格的浪潮在他辞世之后仍未停歇。

荣格在85岁生日那天被授予屈斯纳赫特的荣誉市民称号，这确实是一个值得庆贺的事件。1908年，他在屈斯纳赫特购买了一块土地，并在1909年6月开始在此定居。当地市长在一个小规模的仪式上授予荣格这一荣誉称号。荣格在市长和议员面前用巴塞尔州方言发表了致辞。①在瑞士，荣誉市民的头衔是极少被授予的，加上荣格是极重视瑞士传统的人，因此这一荣誉对他意义非凡。但在他最后几年的生命中，孤独开始滋长。1955年11月27日，他失去了妻子。一些老友也都相继去世。他成了最佳的被访对象，这些访谈日后都结集成书。②经过多次婉拒后，他开始着手撰写自传的前三章，其余部分则在其私人秘书安妮拉·贾菲的协助下以口述完成。他也应邀与学生共同完成图文并茂的书《人与其象征》，这也是荣格的最后一本著作。③

---

① 仪式的细节参见 *Zürichsee Zeitung*, July 28, 1960。
② E. A. Bennet, *C. G. Jung* (London: Barrie and Rockliff, 1961). Richard I. Evans, *Conversations with Carl Jung and Reactions from Ernest Jones* (Princeton: Van Nostrand Co., 1964).
③ Carl Jung, M. L., von Franz, Joseph L. Henderson, Jolande Jacobi, Aniela Jaffé, *Man and His Symbols* (London: Aldus Books, 1964).

荣格于1961年6月6日在屈斯纳赫特去世。他的葬礼在当地的新教教堂举行，许多人参加了这一仪式。该地区的牧师沃纳·梅尔对荣格表示崇敬，称他为一位先知，他在理性主义盛行的时代坚守立场，并给予人类重新拥有灵魂的勇气。荣格的两位学生——神学家汉斯·沙尔及经济学家厄根·波勒盛赞他遗留给科学的贡献以及呈现给人的价值。他的遗体被火化，骨灰被安置在屈斯纳赫特的家族墓园中。墓中已安葬着他的双亲、妹妹及妻子。墓园由荣格亲自设计，饰以拉丁文篆刻的墓志铭及家徽。

第三章

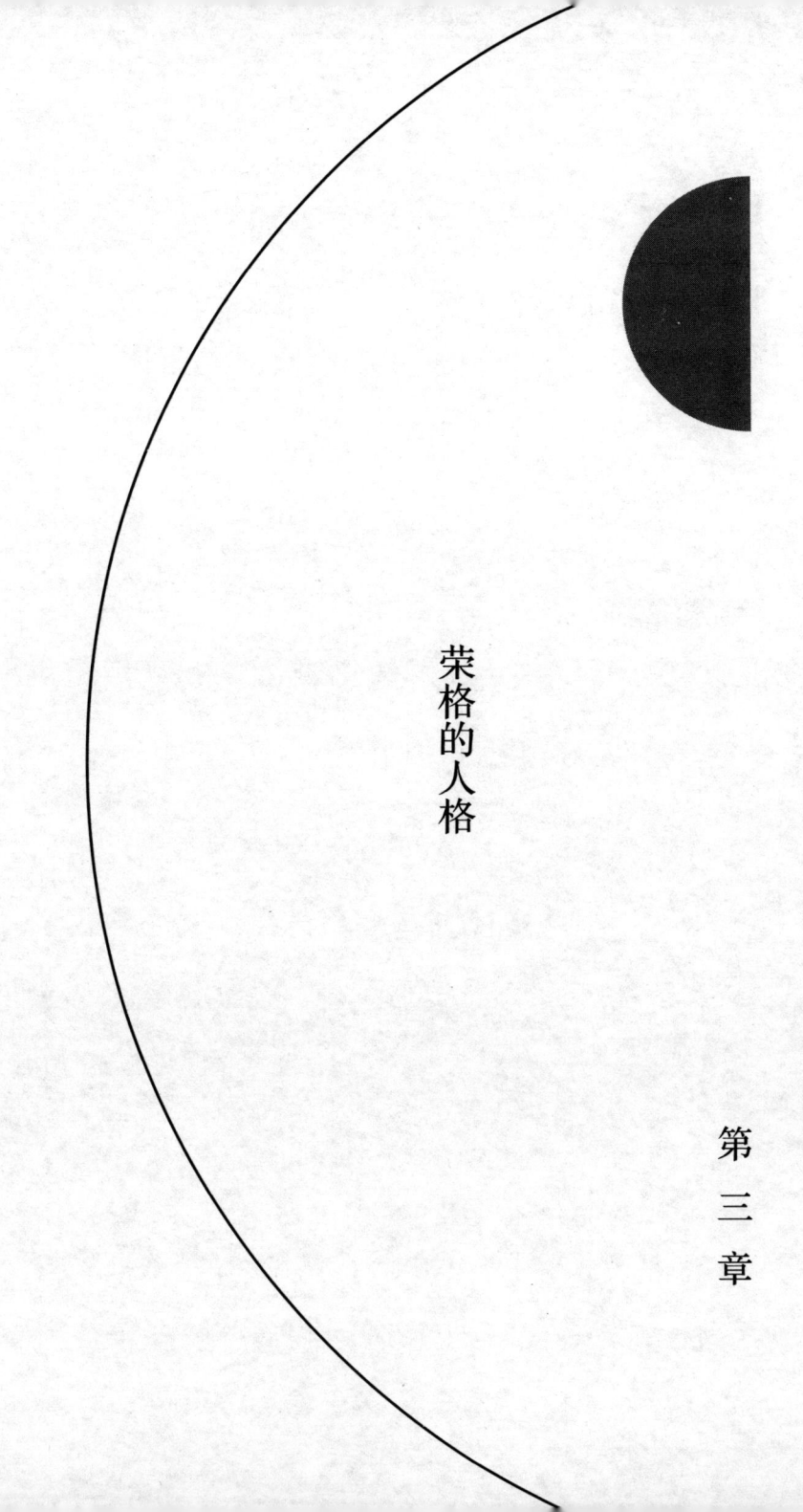

荣格的人格

第三章 荣格的人格

荣格曾说过,生命是一连串持续变化的心灵活动状态。他自身的经历也证明了这一点,这可以解释为何人们对他的看法存在冲突。在他的自传中,他提及自己在童年时期已经具备丰富的内在体验,但这一事实没有为任何人所知。在父母和老师的眼中,他只是一个神经质的孩子。他曾经的同学向古斯塔夫·施泰纳透露,在中学时期,荣格表现得过于敏感和易怒,与同学不太交往,并且对老师心存不信任之情。①从学生时代起,施泰纳便与荣格熟识,他提到荣格的活力、冲动及毫无保留的强烈自信。荣格给人的印象是,他自视高人一等,需要伙伴来倾听他,同时他也知道如何去抓住同伴的心。他并非一直都机敏,对他人的批评也会让他非常敏感。他并不像他在自传中所描述的那样孤立自我,这一点很难让人想象。

---

① Gustav Steiner, "Erinnerungen an Carl Gustav Jung," *Basler Stadtbuch* (1965).

在布戈泽利医院期间，荣格被描述为一位非凡出色的精神科医生，年轻同事们对他敬重备至。尽管有时同事们对他的权威和以自我为中心的行为风格感到反感，但情况依然如此。1909年，当弗洛伊德途经苏黎世时，荣格私下接待了他，并没有把他介绍给他其他同事，这引起了他们的不满。①马丁谈及荣格到维也纳初访他父亲的情景。他说，荣格只顾与弗洛伊德谈话，对于弗洛伊德夫人及其子女视若无睹，甚至连一句礼貌上的问候都没有。②关于荣格在1909年至1913年期间沉浸于精神分析的态度，各种说法纷纭。此外，我们对于1914年至1919年期间的情况也缺乏数据。根据玛伊德的说法，即使对待他最忠实的学生，荣格仍然非常保留，并展现出某种程度的戒备心态。③在那时候，没有人知道他正在历经内在的经验转化。

几乎所有对荣格的个性进行描述的人都将焦点放在1920年之后的各个阶段。在这个时期，荣格的心理学体系框架和治疗方法已经初步形成，并成为他自己学派的领袖。我们脑海中勾勒出的形象正是这样的。荣格是一个身材高大、肩

---

① 根据当时任职于布戈泽利医院的玛伊德医师的私人说法。
② Martin Freud, *Sigmund Freud, Man and Father* (New York: Vanguard, 1958).
③ 玛伊德医师私人说法。

宽的男人，外表强势。他有蓝色的眼睛、高颧骨、坚实的下巴和弯曲的鹰钩鼻，还留着小胡子。凡与他见过面的人都会因他的强壮体魄及所散发出的坚毅的道德力量而将其铭刻于心，也会被他稳固及坚定的气势所影响，那是与周围环境紧密融合在一起的人所独有的。尽管荣格确实出身于知识分子家庭，但有些人认为他身上展现了农民后代的特质。他喜欢在土地、石头和木头堆中工作，尤其对建筑工作充满了乐趣。他喜欢在苏黎世湖上航行，这项运动一直延续到晚年。

荣格给人一种务实的印象，因此有些访客会对他坚信一些超验的事物感到惊讶，例如"阿尼玛""自体""原型"以及其他无形无相的概念。然而，他对现实感的强烈重视完全体现在他的心理治疗中，因为他认为治疗的首要任务是让患者回归现实。

荣格绝不是一个只爱读书的学者。他也喜欢与人交往，并享受日常生活中琐碎的事物。在旅行时，他不只造访纪念碑和博物馆，也会从任何所见所闻中寻找乐趣。据马丁的叙述，某天他的姐姐玛蒂尔德正陪着荣格一家人在维也纳购物，正巧皇帝经过，荣格道声"失陪了"，便冲进人潮中，热情得像小男孩一般。①其实荣格深谙社交技巧，克雷奇默曾说过，在心理治疗学会会议后的聚会上，荣格是如何脱去短外套边跳舞边引吭高歌"约德尔调"②直到深夜，经营出欢愉的气氛。③他对幽默感极为敏锐，也以各式各样的笑声闻名，可以从最细微的低音阶放声至纵情大笑。

与荣格见过面的人，尽管只是短暂的接触，都不得不承认他话语的迷人与耀眼。他那无与伦比的说话速度与闲适的态度，与他那深奥、纤若毫芒的观点交相辉映，其中不乏自我矛盾之处。相对于他在正式著作中沉稳而严谨的写作风格，在他未出版的学术会议记录中，我们仍可以发现某些他说话时的特质。

荣格的博学多闻是远近驰名的。他早期的兴趣是心理学和考古学。后来当他开始探索"象征"的意义时更涉入了神话与宗教领域，他特别着迷的是诺斯底教派及炼金术，随后则是印度及中国哲学。终其一生，他对民族学抱着极大的兴趣。他的藏书可以反映出其兴趣的广度。虽然他并不因某些

---

① Martin Freud, *Sigmund Freud, Man and Father* (New York: Vanguard, 1958).

② yodel，约德尔调是瑞士与奥地利蒂罗尔（Tyrol）山区居民用真声或假声交互唱出的曲调。——译注

③ Ernst Kretschmer, *Gestalten und Gedanken* (Stuttgart: Thieme, 1963).

书籍的稀有而刻意搜集之，最后却也俨然拥有一所炼金术古籍的图书馆。

荣格极具语言才华。除了古典德语及他日常所说的巴塞尔方言之外，还能说流畅的法语。他很晚才学英语，虽然消除不掉瑞士式的德文腔调，但在使用上仍游刃有余。他也谙熟拉丁文，对希腊文也能掌握。但他和他父亲不同的是，他不懂希伯来文。他在东非之旅前，在苏黎世临时恶补了斯瓦希里语，但他与当地居民的交谈大部分仍需依靠翻译。

许多人称赞荣格拥有一种特殊的天赋，能够轻松地与各个社会阶层的人交谈，无论是朴实的农民还是高位者（毫无疑问，这对于一位心理治疗师来说是非常重要的才能）。荣格本人也认为，成为一名优秀的精神科医生必须走出办公室，去看看监狱、救济院，去赌场、妓院和酒店，参加著名的沙龙、证券交易市场和社会主义者的聚会，去教堂参观，了解各种宗派。只有经历了这些，才能更深入地了解和理解。除去这些夸张的部分，荣格还倾向于主张心理治疗师应该具备现实生活方面的知识，以弥补专业知识之外的不足。在荣格的圈子中，有流言传出他早就对某些病人感到厌烦，并表现出粗鲁无礼的态度。关于他对金钱的态度也有不同的说法。据可靠消息透露，在20世纪20年代，每小时的心理治疗他收费50瑞士法郎,这在当时是极其昂贵的。但也有其他记录提及,多年之后,人们仍惊讶于他收费之低廉。大家一致的意见是,荣格是一位技巧极为纯熟的心理治疗师,他能根据病人不同的人格及需求而进行不同的治疗。

在荣格的观点中,他认为如果个人不能履行作为公民的责任,就不能算作正常。他主张所有公民都应该参与市镇、州或联邦范围内的投票事务。据可靠消息称,即使在他病重时,荣格仍坚持要求被送往投票站进行投票。像许多瑞士人一样,荣格对研究自家的家谱、家徽和祖先的历史非常热衷。他也以在瑞士军队服役并晋升为上尉感到自豪。他喜欢回忆和畅谈在群山之中的军旅生涯中所经历的艰辛。此外,他喜欢与子女一起玩战争游戏,包括设计、建造和进行攻防战的石头碉堡。①

我们先前已提过荣格的妻子,在众人的记忆之中,她都是位出色的女子。在动力精神医学诸多伟大的先驱之中,荣格的妻子是唯一一位受教于自己丈夫,并应用其心理治疗方式的人。

荣格的最显著特点之一也许是他人格中的鲜明对比:一方面,他对现实世界非常敏感;另一方面,他又沉迷于一些

---

① 由弗伦茨·荣格提供的私人信息。

神秘的事物，如冥想、梦境和超自然现象。他是一个非常社会化的人，但在各个层面上都体现了歌德格言中的观点："人最好的东西就是他个人的特质。"荣格甚至将这种观点推向了极端，认为"社会并不存在，只有个体存在。"他也强调，如果个体无法稳定地享受某种程度的物质享受，就无法实现个人的发展。因此，他基于心理健康的理由，认为人们仍然应该拥有自己的房屋和花园。

荣格将这些原则付诸实践，因此他在屈斯纳赫特建造了自己的房子，并热衷于参与市镇的公民和政治活动。这是一栋宽敞、壮观又带着18世纪贵族风格的豪宅，正门上镂刻着拉丁文，包括他日后的遗嘱：

无论被召唤与否，主常驻于此。

房子位居美丽花园的中央。他为他的帆船打造船坞，也拥有一栋观景小楼以宽阔的视野俯瞰湖泊。通常，他在夏天会在此从事心理治疗。1923年，他在苏黎世湖对岸的波林根购买了一些土地，并在大约1928年建造了一座塔楼。随着时间的推移，他逐渐扩建了原有的结构，增加了几个房间，并建造了第二座塔楼和庭院。他喜欢在那里度过休闲的日子。

荣格在居住方面非常简朴，这是他的生活原则之一。在波林根的住所里，没有电话、电灯或中央供暖系统。他需要从泉中取水，并亲自点燃木制炉子来烹饪食物。其中有一个房间是不准他人进入的，可以让荣格得以避开叨扰而清心冥想。由屈斯纳赫特至波林根的迁移，仿佛象征着荣格从"自我"转至"自体"。换言之，这就有如是一条通往个体化的道路。

在晚年，尽管身体日渐衰弱，但荣格的头脑依然保持清醒。他滔滔不绝地谈论通过沉思而揭示人类灵魂和未来命运的奥秘，使得访客们深感钦佩。可以说，他已经成为屈斯纳赫特的智慧长者，一位传奇人物的体现。

第四章

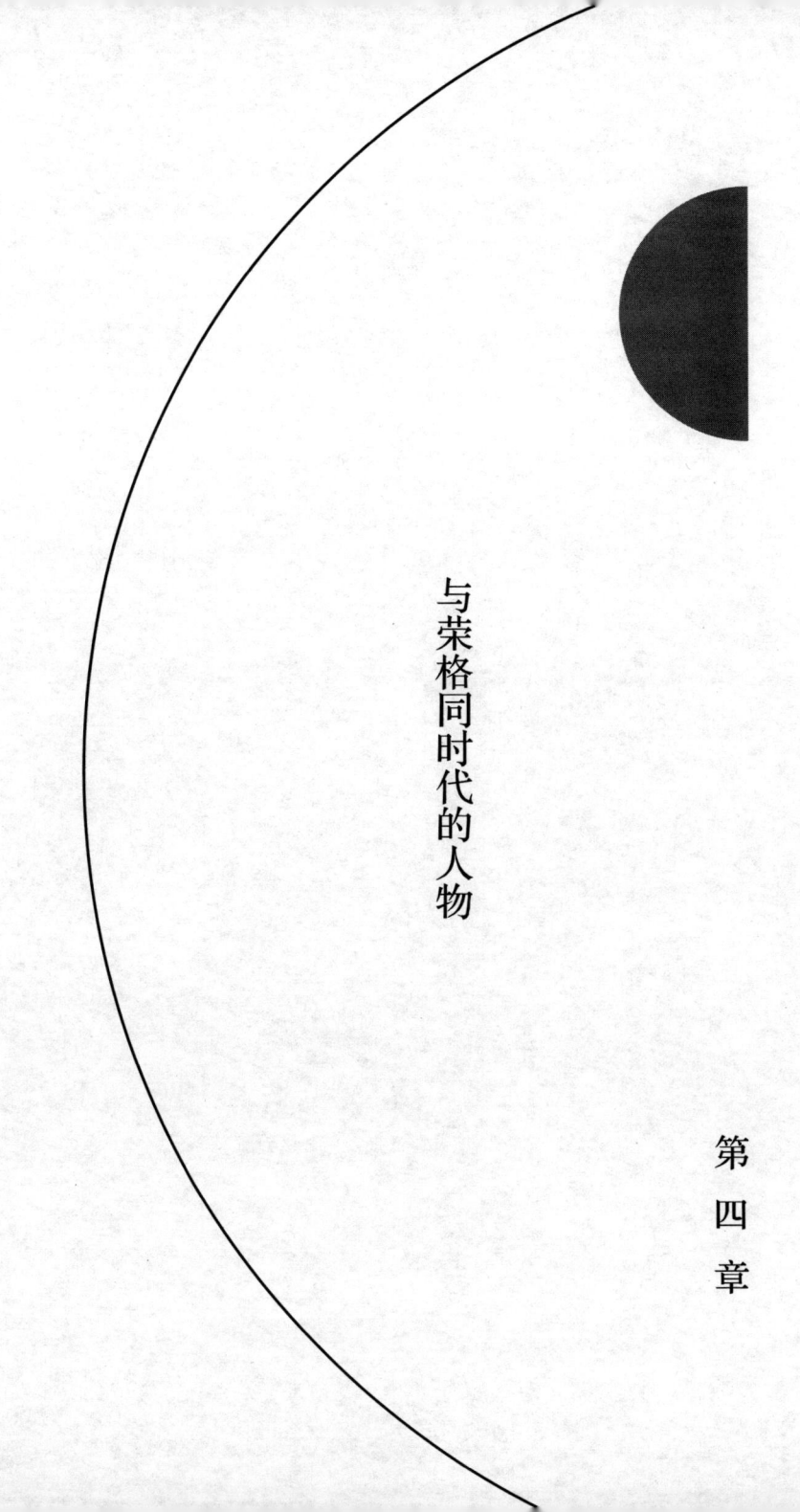

与荣格同时代的人物

第四章 与荣格同时代的人物

为了更好地确定分析心理学在各种心灵研究科学中的位置，将荣格与同时代的代表性人物进行比较是必要的。以下三位人物可能最能展现他们之间的差异：神学家卡尔·巴特、哲学家保罗·哈伯林和人类智慧论者鲁道夫·施泰纳。丹尼·德·罗格蒙特曾经说过："20世纪最伟大的神学家和心理学家可能是两位瑞士人：卡尔·巴特和卡尔·古斯塔夫·荣格。"① 依照罗格蒙特的解释，这两个人献身于人类灵魂的疗愈，而且都创造了宏大的系统。两人同是巴塞尔的牧师之子，身材壮硕，都抽烟斗，且具有幽默感，不管在学术或待人接物上都不具任何学究气。巴特和荣格虽然都以瑞士公民身份和军事经历为荣，但他们在许多方面存在着明显的差异。巴特发表了一部关于《罗马使徒书》的评论，引起了神学思潮的革命性变化。他被一些德国大学聘为教授。当

---

① Denis de Rougemont, "Le Suisse moyen et quelques autres," Revue de Paris, LXXII (1965).

希特勒上台时，他成为新教教徒联合抵抗纳粹阵营的伟大领导者，因此受到审判并被逐出德国。他回到瑞士后，被任命为巴塞尔大学的神学教授。在完成了大量著作之后，巴特将他的精力投入《教堂训示》的工作中，这是一部博大精深的神学著作，能与托马斯·阿奎那的《知识总汇》媲美。他毫无异议地被认为是继路德和卡尔文之后最杰出的基督教神学家，其广大的听众不仅包括新教徒，还包括为数众多的天主教徒。

假如说荣格的著作也被众多的新教、天主教及希腊正教的教徒们所阅读，其原因必然和他们阅读巴特的著作有别。当巴特要求人们对《圣经》所揭示的神谕无条件服从时，荣格却主要通过对"象征"与"仪式"的分析来解读宗教对人类的价值。巴特与荣格虽然都学富五车，但前者持续地援引《圣经》的教谕以下结论；后者更倾向于模仿假冒的福音、诺斯底教派以及东方宗教的圣典。巴特的教义明确声明他不属于心理学领域，他所称的"神"是完全不同的存在，通过人类的言辞和教堂来与人类交流。相反地，荣格始终未脱离心理学范畴，他所谓的"神"是一种精神实体，其来源仍然神秘而难以理解。要整合两者的思想虽然有点难，但有时候他们某些观念是相通的。例如，他们一致认为人的本质就是两性之间的互补关系。①

保罗·哈伯林因其杰出的哲学成就而被誉为现代瑞士最伟大的哲学家之一。他与荣格有许多共同之处，都出生在凯斯威尔教区的一个小镇，都是牧师的子女，他们都自愿将来从事神职，因此在巴塞尔攻读神学。哈伯林曾在当地的"卓芬嘉"团体与荣格讨论问题，并于1900年通过考试毕业。之后，他的兴趣转向哲学，于1903年在巴塞尔获得博士学位并担任教职，专注于问题儿童的教育。他家中常年接待两到三个问题儿童，这种情况持续了几年。从1914年到1922年，他担任伯尔尼大学的哲学荣誉教授，他的讲座广受欢迎，堪与法兰西学院的柏格森相提并论。从1922年到1944年退休之前，他一直在巴塞尔大学任职。哈伯林著作等身，其作品思虑澄明，极富教育性，架构上极为严整且内容巨细靡遗。他的《哲学人类学》被公认为出色的作品。②哈伯林研究的范围涵盖形而上学、逻辑学、自然哲学、宗教、美学、道德、

---

① Karl Barth, *Die kirchliche Dogmatik* (Zollikon: Evangelischer Verlag, 1951).

② Paul Häberlin, *Der Mensch, eine Philosophische Anthropologie* (Zurich: Schweizer Spiegel-Verlag, 1941).

人格、婚姻心理学和教育。①尽管保罗·哈伯林在学术上取得了辉煌的成就，著作丰富多样，才华横溢，并且他的讲座备受广大民众欢迎，但他的声誉仍无法与荣格相媲美。这一点让许多人感到困惑和不解，也许原因在于他在生活和工作中完全没有浪漫的色彩。他有两本著作与其他书形成鲜明对比：其中之一是他的自传；②另一本小书则是描述他自己在瑞士山区狩猎时，所进行的对于人及生命的思考。③哈伯林认为，抑郁的起因是缺乏幽默感及对生命的傲慢态度；而焦虑则常源自罪恶感。至于"现代人的焦虑"不过是一阵有如浪漫主义时期的"世纪之病"风潮罢了。在分析了各种猎人的夸夸其谈之后，哈伯林将这种概念延伸到哲学家和心理学家的自吹自擂上。哈伯林坚称荣格曾向他坦承，在自己的著作中确实存在这样的成分，并最后附加了一句话："这是世界自愿被欺骗的。"

两人在对待弗洛伊德的态度上也有差异。起初，荣格对弗洛伊德抱有热情，但随着时间的推移，他的批判态度日益

---

① 他有关教育的书中，以下两本特别值得注意：*Wege und Irrwege der Erziehung* (Basel: Kober, 1918). *Eltern und Kinder, Psychologische Bemerkungen zum Konflikt der Generationen* (Basley: Kober, 1922)。

② Paul Häberlin, *Statt einer Autobiographie* (Frauenfeld: Huber, 1959).

③ Paul Häberlin, *Aus meinem Hüttenbuch. Erlebnisse and Gedanken eines Gemsjägers* (Frauenfeld: Huber, 1956).

增强，最终导致了他们之间的决裂，荣格几乎全盘否定了弗洛伊德所说的一切。而哈伯林对弗洛伊德虽然充满好奇，但始终持批判态度；尽管如此，他并不被认为是弗洛伊德的反对者。在上述两本小书中，他提到了自己与弗洛伊德接触的经历。①尽管他尊敬弗洛伊德这个人，但并未受其思想的影响。从弗洛伊德的驱力理论中，哈伯林看到的只是弗洛伊德对个人生活事件的反应。哈伯林认为，精神分析仍不是全面性的心理学理论，因为弗洛伊德自认无法解开艺术家及诗人天赋的奥秘。弗洛伊德也无法对哈伯林解释一个源自驱力的检查系统如何来监督驱力的一举一动。（当时，弗洛伊德尚未发展出"超我"的概念）在这次对话中，弗洛伊德认为宗教、哲学和科学都是性欲的升华结果。而哈伯林则持反对态度，认为心理学也不应该被归类为性欲的升华结果。对于这一观点，弗洛伊德回答得略带轻描淡写："就社会而言，这是有用的。"哈伯林只采撷了精神分析中他认为真实的部分，至于他不能接受的有些概念则成为研究的出发点。例如，他反对弗洛伊德关于梦的理论，因而引发自己去架构起属于自

---

① Paul Häberlin, *Aus meinem Hüttenbuch* (Frauenfeld: Huber, 1956), *Statt einer Autobiographie* (Frauenfeld: Huber, 1959).

己的梦学说。①

荣格也经常被拿来与人类智慧学派的创始者鲁道夫·施泰纳②进行比较。两人的理论都超越了实验性科学的范畴，从而形成了他们各自的世界观。关于施泰纳的生平，我们了解的大部分信息来自他的自传。然而，与荣格不同的是，他的自传主要涉及外部生活事件，与他内心深处的灵性发展经验相关的内容极少③。施泰纳是奥地利人，是一位卑微的铁路工的儿子，自幼展现出在数学和自然科学方面的才华。他在维也纳接受中学和职业教育时，曾聆听过哲学家弗伦茨·布伦塔诺的演讲。从7岁开始，他就有灵异的经验，而他的家人始终不知情。他也曾遇到一些外在生活十分单纯却拥有神秘且灵异的内在世界的人。从23岁至29岁间，他受雇于奥地利某一显赫家族，负责辅导家中的问题儿童，效果非常好。他熟识维也纳的许多知识分子精英，如约瑟夫·布洛伊尔。施泰纳随后在威玛的"歌德席勒档案基金会"任职七年，被委任负责编纂歌德的科学作品集。一般认为，歌德的

---

① Paul Häberlin, "Zur Lehre vom Traum," *Schweizer Archiv für Neurologie und Psychiatrie*, LXVII (1951).
② 奥地利社会改革家、艺术家和教育家。他开创了一种名为"人类智慧学"（Anthroposophy）的精神科学。
③ Rudolf Steiner, *Mein Lebensgang* (Dornach: Philosophisch-Anthroposophischer Verlag, 1925).

这部分著作是过时的自然哲学作品。然而，施泰纳坚持道，歌德的研究法是探索自然的真正科学方法的基础。在这段时间，施泰纳极度沉浸于内在世界，他在自传中提到，那时外在世界仿佛梦境，他唯一觉得真实的仅有内在的心灵世界。无疑，这几年中施泰纳经历了心灵的冒险，但遗憾的是，他仅在其著作中提及这件事情。1896年，施泰纳35岁那年，他体验到了心灵上的深度蜕变，物质世界对他而言显得无比清晰且精确；他与人的关系也豁然开朗，随后数年间，他在柏林半波希米亚式的文学世界中度过光阴。自1902年起，他成为"通神学会"极有影响力的一员，而他自己的构想也渐成雏形。最后，他于1913年2月创立"人类智慧学学会"（Anthroposophic Society）。同年，庞大的"人类智慧学中心"也在距离巴塞尔不远的多尔纳赫被正式启用，被命名为"歌德堂"（Goetheanum），以纪念被施泰纳视为人类智慧的最高表征者——歌德。从此以后，施泰纳的一生完全与人类智慧学运动的发展结合在一起，并且将之应用于探索人类各种领域的活动。

"人类智慧学"（Anthroposophy）这一名词源自瑞士浪漫主义哲学家伊格纳兹·特罗克塞尔。这是一种特殊的认知方式，以人类灵魂本质为起点，以此探查世界灵的本质。该情形可以比拟为：如同用感觉器官探索其自身的物理性本质，智力则是寻找其自身的抽象法则。施泰纳认为，任何人只要经过系统的心灵训练，必能认知自己的心灵潜能，借此可以直接对至高无上的纯粹心灵世界有所了解。至于心灵训练的方法，则被编写在他的一本小册子中。① 那些深具潜力的弟子充满对真理的崇高敬意，而且应该生活低调，将注意力投注在内在生命，为人类及世界的利益勉力学习，而不只是为了满足好奇心。他们在根本与非根本的事物之间做出划分，每天腾出时间进行冥想。观察每一存在事物目前的状态，思考其过去与未来，是其最基本的功课之一。他们还要练习迅速区分出生物与非生物体。当这些感知方式成为本能反应后，人便能清楚地感知到一些别人所无法感觉到的事物的特质。更高层次的练习会赋予人们控制情绪、思考、睡眠、梦境的能力，让意识成为连续的整体。最后，弟子们必须接受严格的精神磨炼。施泰纳提到，这时他们将能与神秘的灵魂界存在物相遇。然而，与荣格观点不同的是，他并不认为这种种只是潜意识中被分离出来的部分的投射而已。

即使有许多人尝试过施泰纳的方法，但从未有人能达到

---

① Rudolf Steiner, *Wie erlangt man Erkenntnisse der höheren Welten?* (Berlin: Philosophisch-Anthroposophischer Verlag, 1922).

如他一般的境界。他自认，自己对灵异世界的知识很丰富，因此能说出许多结构、天体与星球以及转世等现象的真相。逐渐地，施泰纳的启示横跨了许多领域，包括科学、艺术、政治和经济。他创造出一种新的建筑风格、新的绘画原则、新的演说术与戏剧。他对于正常与异常儿童的教育新原则引发各界的广泛兴趣，其影响力远超人类智慧学的范畴。

荣格与施泰纳的相似之处已经一再地被提及：两者皆有过灵异体验；二者皆通过自我训练的方式去探索无意识心灵的深渊；他们也各自从心灵之旅中酝酿产生了新人格。他们都视生命为一连串的变形，认为"生命的转折点"就是生命的中心。①

荣格关于鬼魂及人投射出来的亚人格（subpersonality）的概念有时可以在施泰纳的想法中找到对应。施泰纳在对歌德著作《浮士德》的评论中认为，瓦格纳和梅菲斯特都是浮士德人格的不同层面。②巧合的是，荣格也正是以此为例评论浮士德的人格，与施泰纳不谋而合。然而，在许多例子

---

① 施泰纳关于"生命的转变"的概念分散在其著作中。胡斯曼（Friedrich Husemann）曾综述他在此主题上的看法，参见 *Das Bild des Menschen als Grundlage der Heilkunst* (Stuttgart: Verlag Freies Geistesleben, 1956)。

② Rudolf Steiner, *Geisteswissenschaftliche Erläuterungen zu Goethes Faust* (Dornach: Philosophisch-Anthroposophischer Verlag, 1931).

中，被荣格视为无意识投射的东西，施泰纳则视其为独立的灵界存在物。①

荣格与施泰纳基本的差异在于，如何应用他们在无意识之旅中所获得的经验。二者都在快到中年时经历了某种"创造性疾患"（如同费希纳和弗洛伊德）；他们也都从这样的经验中梳理出基本的概念。不过，施泰纳还宣称自己已取得来自灵界的知识，因而能启示世人；然而荣格（及弗洛伊德）则严格地将其限制在心理治疗的实际应用上。

以上的考虑皆有助于我们为荣格做更正确的定位。荣格一直被责难是神秘主义者、玄学论者、新诺斯底教派信徒等。荣格则坚持自己是个经验主义者而非哲学家，他只是描述其在心理治疗过程中的观察结果。然而，荣格所提出的概念的源头在《涅其亚》中，这本书描写了他无意识之旅的经验。这经验相当于弗洛伊德的自我分析，是一种创造性疾患，并进一步被灌注于建构某种动力心理学体系。虽然荣格的基本概念与弗洛伊德的大相径庭，但相较于神学家巴特、哲学家哈伯林和人类智慧学家施泰纳，荣格显然与弗洛伊德接近多了。

---

① Rudolf Steiner, *Anthroposophie und Psychoanalyse* (Dornach: November 10, 1917).

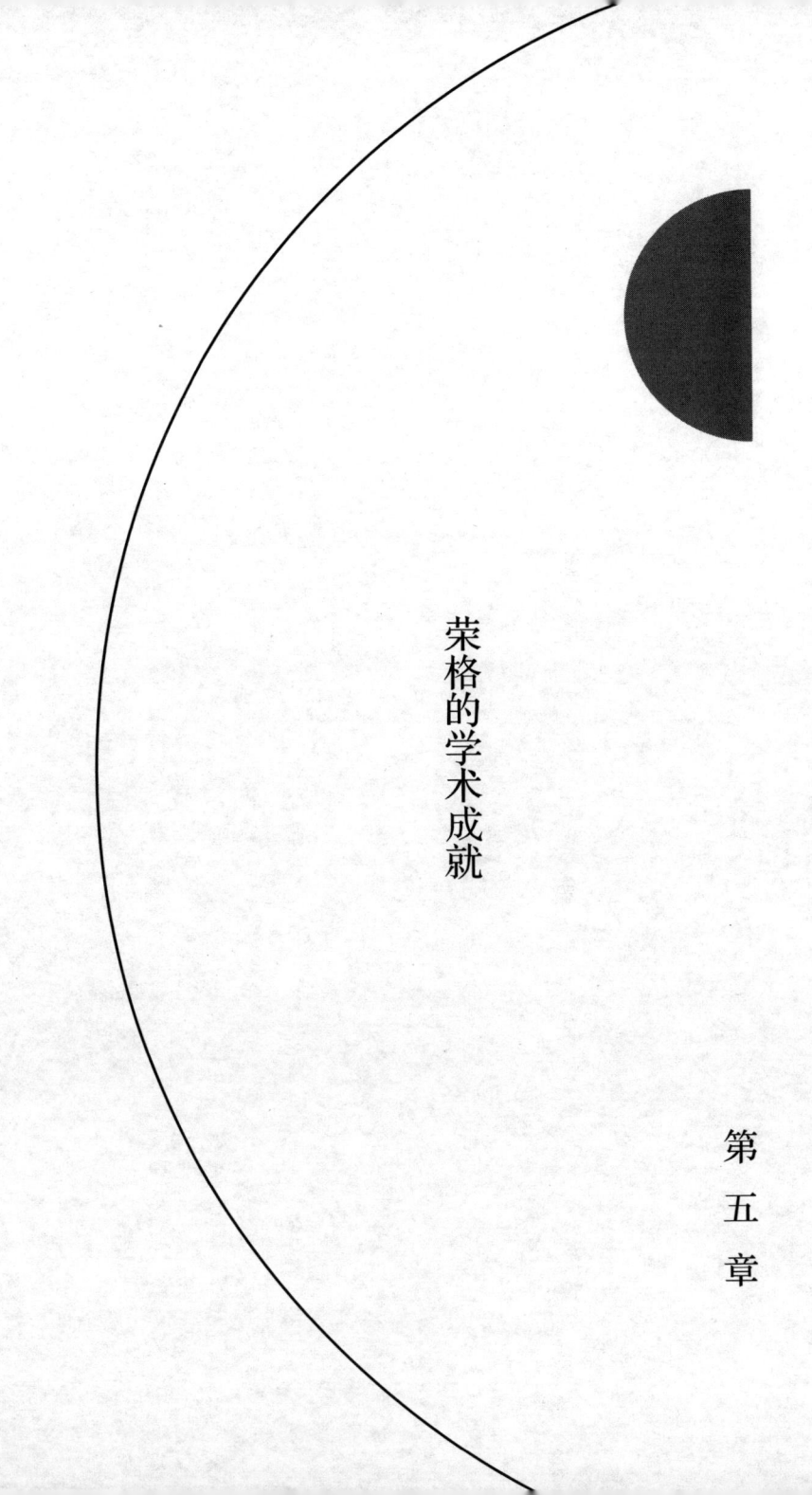

第五章 荣格的学术成就

荣格的学术成就之一：心理实体的概念

荣格在"卓芬嘉"学生会讨论会发表自己的见解，并描述了他在灵媒表妹海伦·普莱斯威克身上所进行的实验，这预示了分析心理学的萌芽。

阿尔伯特·欧里回忆道，荣格时常参加同学之间的讨论。如前所述，荣格是"卓芬嘉"巴塞尔分部的成员，也是每周讨论会的积极参与者。因为学会的档案保存了对话与重要辩论的记录，所以古斯塔夫·施泰纳能够通过会议记录去唤起个人记忆，并重新勾勒出荣格思想形成时期的画面。①施泰纳指出："'卓芬嘉'给荣格提供了绝佳的机会，使其从沉溺在梦想中的独白转换到理性的讨论上，并通过和聪慧的同伴进行辩论，测试了自身理念的稳定度。"

---

① Gustav Steiner, "Erinnerungen an Carl Gustav Jung," *Basler Stadtbuch* (1965).

在学校攻读医学学位的前三个学期，荣格在讨论会上始终沉默不语，即使在神学学生阿尔特对通灵论发表演说时依然如此。到了第四学期，1896年11月28日，荣格首次在此发表了演讲，题目是"论精确科学的局限"，不仅对当代的唯物科学展开猛烈抨击，同时还呼吁要对催眠与通灵论进行客观研究。他强调精确的研究也可应用于形而上学的领域。荣格这席精彩的演讲获得一致的赞赏，并被推荐刊登在总会的期刊上。但这篇文章并没有被伯尔尼的编辑委员们接受，原因不明。但古斯塔夫·施泰纳所称的荣格这场演讲极为成功的说法，与荣格自传所说的互相矛盾。他在自传中说，只要自己向同伴谈及通灵论，大家所表现出的无非是嘲弄、猜疑或焦虑。①

1897年夏季，荣格发表名为"心理学偶思"的演讲，他感慨道世人对于形而上学缺乏兴趣。他说："当任何人认为其一生当中没有任何形而上的事情发生时，他起码忽略了一件有形而上学含义的事——死亡。"死亡一直是一些先验希望的滥觞，而这些希望隐喻了灵魂的存在。因此，理性心理学的任务在于展现出灵魂的存在，灵魂被认为是独立于时

---

① C. G. Jung, Erinnerungen, *Träume, Gedanken* (Zurich: Rascher Verlag, 1962).

空之外的智慧体。梦游现象曾被挑出来作为对付唯物论偏窄看法的工具。此辩论的参与者为数众多，其热烈程度也超乎寻常。

1897年初至1898年末，荣格荣膺"卓芬嘉"巴塞尔分部的会长。在就职演说中，他认为受过教育的人不应在政治上投注太多热情（这也是1914年前，知识分子所持的普遍态度）。

1899年1月，他在某次演讲中抨击阿尔布雷克特·里敕尔的神学，此举震撼了该会的神学学生成员。他批评里敕尔在其宗教里容不下丝毫的神秘主义色彩。这一整年中，荣格活跃于各种讨论会。当某位医师发表了有关睡眠的演讲后，荣格随即批评他竟然遗漏了梦这一现象，他补充道："在梦中，我们就是自己的愿望，同时也分身为诸多的演员。"

荣格最后一次在"卓芬嘉"讨论会发表意见，是在神学生利希滕汉发表题为"宗教与神学"的演说之后。荣格批评"神是可被体验的"这个观点，他列举亲身经历，说自己从未有此体验。他更说道，宗教经验通常伴随着情欲和情绪。现代精神医学也倾向于承认宗教与性本能之间存有内在联结。①不认为宗教经验是一般人生活中的正常部分，并不

---

① 很凑巧，这样的想法在当时可以说极为普遍。

足以否定某些宗教冲动本质是病态的，因为这两者均可源自个人的无意识。针对保罗·哈伯林的质疑，荣格的回应是，"善良之神"不过是一个自相矛盾的概念。那次讨论比之前都激烈，但最后利希滕汉占了上风。

由施泰纳的文章，我们得以观察到荣格和神学学生之间的关系极为暧昧，这和他日后与牧师的关系几乎如出一辙。他们害怕荣格抨击传统宗教，但又赞许他攻击当时的唯物主义。还有其他几个观点值得注意，其中之一是关于魔鬼的讨论。这是他沉思已久的问题，他最后的著作《答约伯》也在处理此议题。虽然荣格并不是无神论者，但他对以下几种宗教信仰形式仍持批判态度：传统宗教信仰、理性主义（比如里敕尔的神学）、对宗教体验的兴趣。格外令人印象深刻的是，他提及灵魂（这是一个当时已为心理学摒弃的观点）时那种绝对的坚信，以及他将灵魂界定为非物质、先验、独立于时空之外的方式。然而，他又认为可以用科学方式去对之进行研究，要获得有关灵魂的知识可以通过观察梦游、催眠、各种灵异现象等方法。所以对荣格而言，通灵论绝不是神秘主义，而是需借助正确的科学方法进行研究的未知心灵现象。

早在荣格进入布戈泽利医院之前他便进行了许多观察，

这些观察后来成为其1902年毕业论文的主题。①在这篇论文中，我们可以发现荣格许多基本观念的雏形，这些都是根据对年轻灵媒普莱斯威克的观察所得。

根据荣格的叙述，普莱斯威克在1899年7月开始试着"让桌子旋转"。8月初，她开始出现"被灵魂附身"的梦游症。最先出现的是她的祖父山姆·普莱斯威克的灵魂。虽然她从未见过祖父一面，却以他那牧师般的语气发声说话，旁观者都赞叹于她对他的模仿惟妙惟肖。自此之后，荣格便锲而不舍地重复进行实验。普莱斯威克随后又相继召唤出许多家族成员或熟识者的亡魂，展现出惊人的表演天赋。令人百思不解的是，她在附身时所说的是完美而典雅的德文，而不是日常使用的巴塞尔方言。梦游状态中的种种，事后她究竟记得多少，我们并不清楚。但她总是坚持是死者的亡魂借由其口来传递信息，此事千真万确。她赢得了不少的尊敬与称赞，许多亲友均前来寻求鬼魂的指示。一个月之后，她陷入了半梦游状态，借此她可以与灵魂沟通，又可意识到周遭的一切。在这样的状态下，她以平静而庄严的声调说自己是伊文斯，迥异于其平日善变及轻佻活泼的个性。

---

① *C. G. Jung, Zur Psychologie und Pathologie sogenannter occulter Phenome. Eine Psychiatrische Studie* (Leipzig: Oswald Mutze, 1902).

同年9月，她看到了尤斯图斯·克纳写的《普福尔斯的女先知》，于是她的表现有所改变。她和弗里德里克·豪费一样，在"招魂"将结束时将自己"磁化"，并开始用一种陌生的语言（有点像意大利与法语的混合）说话。

伊文斯说自己曾去火星旅行，看到上面的运河及飞行器，也造访了星球上的人间及灵界。清明的灵魂教导她，她则教导污浊的灵魂。这时，附身的灵魂依旧是她的祖父山姆·普莱斯威克牧师，她以他的语言习惯说话。其他的灵魂则可被区分为两群，有的相当抑郁，有的却精力充沛。荣格留意到这些灵魂其实对应着她本人人格的两个面向，平时她就一直在这两者之间摆荡。这些不同的附身状态逐渐被种种启示所取代。她巨细靡遗地和盘托出她前世的种种细节。她过去就是普福尔斯的女先知，更早之前则是一位受歌德诱惑的年轻女性——也就是传说中荣格的祖母。15世纪时，她是蒂尔费尔森堡的女伯爵。在13世纪时，她又成为德瓦卢尔夫人，被视为女巫而惨遭火焚。推至更早之前的罗马时代，她是尼禄皇帝执政下的一位基督教殉道者。在她前世的每一生，都育有儿女且后代枝繁叶茂。在短短数周内，海伦·普莱斯威克编织出绵密可观的家系，涵盖了所有她熟识的人。任何刚认识不久的人，都可即刻在她的家系图中找到位置。她也告诉荣格,说他熟识的一位女性友人是18世纪巴黎臭名昭著的女囚,而在这一世她也犯下了各种不为人知的罪行。

1900年3月,她开始利用由七个圆圈构成的图式来描述整个神秘世界的结构。例如,最中心的圆圈代表最原初的力量;第二圈是物质;第三圈中存在着光与黑暗。当这种种揭示被说尽后,其灵感就相对匮乏了。荣格说就在这个时候他未继续参加其"招魂会",而六个月后,在她向观众展示自己可通过灵魂力量移动物体时,她当场被捉到作假,从而永远地结束了自己的灵媒生涯。

在讨论这一个案时,荣格将她所呈现的各式各样的灵媒现象分为四类:梦游、半梦游、自动书写及幻觉。他也尝试去寻找她编织的故事的来源,其中之一是来自克纳的《普福尔斯的女先知》一书,另一来源则是她曾耳闻的康德的"宇宙起源论",但荣格并未提及和各个古老的巴塞尔州家族有关的口述或文字记录。但唯有在这种情境下,一个病人才能架构起如此异想天开的系统性家谱妄想。

灵媒事件的两个特征深深震撼了荣格。首先是她能力的改变。当她在灵魂附体时,其表现远优于她在意识层次所为。其次,她与伊文斯人格的鲜明对比。海伦的人格不稳定,伊文斯却是认真、平静而亲切的。荣格的结论是,伊文斯不过是海伦较成熟的人格,在潜意识中不断繁衍发展。由于病人的心灵成长受心理及社会因素的阻碍而无法均衡发展,灵媒生涯无疑是无意识试图去克服这些障碍的一种方式。这就是荣格"个体化"概念的萌芽阶段。在灵媒所编造的故事中,充斥着公开或秘密的爱情事件及未婚生子等情事,因此,荣格推论她想要拥有一个庞大的家族的渴望,也许是做了个让性欲得以满足的梦。荣格经过了很长一段时日之后,才知道这位年轻表妹在爱恋着他,她之所以会不断地演出灵媒的启示,无非是为了取悦他。

1925年,荣格在一场演讲中说出了这个故事的后续部分。海伦·普莱斯威克离开巴塞尔后,到蒙彼利埃和巴黎学裁缝。1903年,荣格到巴黎拜访她,很惊异地发现她竟然完全忘了有关灵媒实验的事。稍后,她返回巴塞尔,与姐姐合力经营一家裁缝铺子,荣格极力称赞说她所制作的服饰非常精致。①不幸的是,她于1911年因结核病而去世。

---

① 一位接受某位尊贵客户的长期赞助,在巴塞尔开设裁缝店的女士告诉我说,荣格的表妹"工作表现良好,但缺乏创意,其所设计的衣饰大半抄自时尚杂志"。这可能是同行相嫉,也可能是精神科医师们对时尚并不总是具备足够的鉴赏力。

希欧多·弗罗诺伊极为肯定荣格的论文。①另一个奇异的例子是由法国画家科尔尼耶提供的。科尔尼耶于1910年发现他19岁的模特儿莱妮是灵媒。在持续两年的招魂实验期间，她谕示了自己及其他亡者的前世，并向科尔尼耶解释了另一个世界的复杂制度，后者也有其独特的法律、道德观、风俗及灵魂的阶级制度。②法国剧作家雷诺曼对这事件的理解是，整个过程起因于灵媒对画家的暗恋，并在讨论过程中引述了荣格的说法。③这件事也成为其剧作——《魔法师之恋》的灵感来源。④

1900年12月，当荣格进入布戈泽利医院时，早已对心理学将探讨的范畴有了明确的见解。他将心理学界定为对人类灵魂的科学研究，并以心理实体为研究起点。由既往的经验，他体会到潜意识解离出来的部分能以人格的形式呈现，不管是以向外界投射而形成幻觉的形式还是以内控制意识附身的形式表现，均属类似的现象。依照梅尔斯、让内、比内和弗罗诺伊的例子，荣格将自身的兴趣专注在这些心理实体

---

① *Archives de Psychologie*, II (1903).
② P. E. Cornillier, *La Survivance de l'äme et son évolution après la mort, Comptesrendus d'expériences* (Paris: Alcan, 1920).
③ H. R. Lenormand, *Les Confessions d'un auteur dramatique* (Paris: Albin Michel, 1953).
④ H. R. Lenormand, *L'Amour magicien* (1926).

的探索上。

荣格的学术成就之二：布戈泽利医院时期

荣格待在布戈泽利医院的那九年，可谓是工作极扎实且心无旁骛的一段时期。在他完成学位论文及一些临床个案报告之后，他专注于"词语联结测验"的研究，测验程序是测试人员对受测者清晰地念出一串经过刻意挑选的字后，受测者须说出他想到的第一个字。在此过程中，测试人员必须精确地测量其反应时间。

荣格曾对这一测验的来龙去脉做过详尽的介绍。[①]该测试的发明者是葛尔顿，他展现过该测验如何能侦测到心灵深处幽邃的沟壑。冯特沿用了他的办法且加以改良，试图以实验的方式发展出意念联结的法则。之后，萨芬堡和克雷佩林引入了内在联结（inner associations）与外在联结（outer associations）的区分；前者是意义的联结，后者是语言及声调形式的联结；也可称之为语意学（semantic）联结和口语性（verbal）联结。克雷佩林指出，疲惫会导致受测者逐

---

① C. G. Jung, *Archiv für Kriminal-Anthropologie und Kriminalistik*, XXII (1906).

渐倾向于以大量口语联结表现为主，相似的情形也出现在发烧及酒精中毒的状况下。他们也比较了各种精神状态下的受测结果。齐恩则另辟蹊径，他发现当出现的字让受测者觉得不快时，反应时间会变长。有时候他将数个导致延迟反应的词挑出，便会发现它们都与某种潜藏的共同象征有关——齐恩所称的"情绪满溢的表意情结"（gefühlsbetonter Vorstellungskomplex），或简称"情结"（complex）。齐恩发现，当受测者作答时，自己通常不会注意到答案与情结之间的关联。

在布戈泽利医院，布洛伊勒准备引入这个测验方法以辅助临床需要。既然布洛伊勒相信精神分裂症的基本征候是联结张力的松散，那么以"词语联结测验"去检验这个假说是自然不过的事了，他将此研究委托给荣格。荣格便投身于大规模的实验中，共事者还包括一些住院医师，这些研究进行了数年，并将结果收集成册。①荣格将该测验施行的技巧修改得更加完善。荣格比较了受教育与未受教育者的测试结果，发现语意学联结在未受教育者这一人群中所占比率较

---

① C. G. Jung, *Diagnostische Assoziationsstudien* (Leipzig: J. A. Barth, 1906, 1909), Eng. trans., *Studies in Word Association* (New York: Moffat Yard, 1919).

高。他与一位同事在统计上发现，同一家族的人，其测验结果有更多的相似性，此现象尤其存在于父子、母女之间。

但是，荣格的主要目标是探测及分析"情结"（齐恩最初所指的"情结"概念）。荣格区分了普通（normal）、偶发性（accidental）及永久性（permanent）情结，还比较了男女的普通情结。在女性中，"情色情结"（erotic complex）最为显著，其他同属这一层次的有与家庭、住所、怀孕、儿女及婚姻状态相关的情结。他在年长妇女身上发现了对旧情人表达遗憾之情的情结。以男性而言，关于野心、金钱及奋斗制胜的情结排在情色情结之前。偶发性情结是与病人生命中的特殊事件相关的情结。永久性情结在歇斯底里和精神分裂症的病人中有特殊地位。

在歇斯底里的个案中，荣格发现各种联结都与某个强而顽固的情结纠缠不清，该情结则和某个陈旧的秘密伤口有关。假使有人能引领病人去控制及同化该情结，病人便能痊愈。在精神分裂症的病人身上，荣格便发现了一个或多个永远无法克服的固着情结。

上述种种对精神分裂症的研究开辟了新的研究方向，对布洛伊勒过去十五年来的研究有所裨益。荣格将他最初的种种发现撰写成册，即《早发性痴呆心理学》。①我们通过此书内容可见，荣格仍深受让内和弗罗诺伊的影响。他将成就归于布洛伊勒，对弗洛伊德的理论却仍有诸多保留。此时，"情结"这个名词的含义已超越了其原始意义，所以荣格必须对各种歧义的"情结"进行区分：它们是和单一事件还是和某一持续状态相关；它们是有意识、部分有意识还是完全无意识的；它们负载情绪的多寡。为了示范自己的方法，荣格选了一位60岁的女性病人进行详尽分析，她已在布戈泽利医院待了将近二十年，呈现出各式各样的幻觉和妄想。乍看之下，这些症状显得零乱无序。荣格对其再三施以词语联结测验，从可能与其妄想有关的关键词出发，鼓励她运用自由联结的技巧。依此方式，荣格发现自己能辨认出许多情结并将其归为三类，分别为：快乐的梦、不平之鸣以及和性有关的情结。于是，这位病人语无伦次的言辞明显地表达出某种有组织的愿望，即对于劳苦及穷困生活的代偿。荣格指出，他自己的发现与弗罗诺伊对海伦·史密斯的研究结果有很多相似之处。海伦·史密斯那潜意识幻想的罗曼史，不过是对

---

① C. G. Jung, *Ueber die Psychologie der Dementia Praecox* (Halle: C. Marhold, 1907). Eng. trans., *The Psychology of Dementia Praecox, Nervous and Mental Disease* (1909).

其平庸一生的补偿。相同的经验也发生在作为荣格实验对象的巴塞尔的年轻灵媒身上。不同之处是，她之所以会在潜意识里构筑浪漫幻想，目的在于试图排除阻碍自己成长的障碍。相应地，这位身处布戈泽利的病人则被禁锢在自身的众多妄想之中。

但是，为什么歇斯底里病人的情绪可以被克服，而人们对精神分裂症病人的情绪则束手无策呢？荣格的假说是，精神分裂症患者的情结会产生某种毒素，对脑部产生有害作用，导致疾病无法康复。此理论与布洛伊勒的精神分裂症理论有所冲突。后者认为，疾病在理论上是因为某种毒物伤害了脑部所致，情结本身并不会直接导致征候，但会影响其表现形式。在一个联合宣言中，布洛伊勒和荣格公开声明彼此在这一点上的分歧。[1]同年，荣格提出假说，认为妄想是精神病人试图去创造一种对世界的新观点所做努力的表现。[2]

在这段时间，荣格重新修正了词语联结测验的应用方向。1905年，一位年老的绅士前来求助，因为他的钱财被窃，他怀疑是他所监护的一个18岁男孩所为。荣格为这个

---

[1] Eugen Bleuler und C. G. Jung, *Zentralblatt für Nervenheilkunde und Psychiatrie*, XXXL No. 19 (1908).

[2] C. G. Jung, *Der Inhalt der Psychose* (Vienna and Leipzig: Deuticke, 1908).

年轻人特别安排了词语联结测验。男孩的反应方式让荣格自信地认为，只要他向男孩说"是你偷的"就必然可得到其自白。后来所发生的事果然在其意料之中。①同样的故事还发生在某个医院，嫌犯只可能是三名护士之一。荣格对她们施测，果真以此鉴别出了罪犯，不过不是先前被认为嫌疑最大的那一位。②

有一段时间，荣格自认已发现了一套侦测罪犯的新方法，但很快便了解到事情绝非如此简单。弗洛伊德指出，受测者并非因其客观的犯罪行为产生反应，而是由于他主观的罪恶感及焦虑。③在历经数年密集地运用该测验后，荣格最后终止了其应用。他从未否定过该测验，而且基于训练上的需要，在荣格学院内仍持续施行此测验。但荣格宣称："想从实验心理学去了解人类心灵者，若非徒劳无功，收获也必定甚少。"④

---

① C. G. Jung, "Zur psychologischen Tatbestandsdiagnostik," *Central blatt für Nervenheilkunde und Psychiatrie*, XXVIII (1905).

② C. G. Jung, "Le Nuove Vedute della Psicologia Criminale," *Rivista di Psicologia Applicata*, IV (1908).

③ Sigmund Freud, "Tatbestandsdiagnostik und Psychoanalyse," *Archiv für Kriminal-Anthropologie und Kriminalistik* (1906).

④ C. G. Jung, *Das Unbewusste im normalen und kranken Seelenleben* (Zurich: Rascher, 1926).

荣格的学术成就之三：精神分析时期

荣格初次接触精神分析的时间，可回溯至他开始在布戈泽利医院工作之际。在1957年的某次访谈中，①荣格曾表示，远在1900年，②布洛伊勒就要荣格在某个傍晚所举行的医师讨论会上就弗洛伊德的《梦的解析》做报告。③在荣格1902年的论文中，四次引用了弗洛伊德的说法，在其1902年到1905年的论述中，也多次引用。在他论"词语联结测验"的著作中，荣格则称弗洛伊德是这个领域中的权威。荣格的兴趣首先被无意识分离出来的内容〔让内所谓的"下意识固着意念"（subconscious）〕吸引，次而移情到齐恩所谓的"附着有情绪的呈现复合情结"（emotionally loaded representation complexes）。现在，他在面对弗洛伊德所提的"创伤性遗迹"（traumatic）时，又再度遇到这样的议题。④

---

① Richard I. Evans, *Conversations with Carl Jung* (Princeton: Van Nostrand Co., 1964).

② 考虑到荣格在1900年12月11日才到布戈泽利任职，布洛伊勒最有可能是在1901年才派给他此任务。

③ 这是当时布戈泽利的惯例，大概每个月会有一次医师聚会，研读并讨论有趣并和精神医学相关的论文。在聚会中，有一个人必须负责报告，其他人则于报告后发问，最后由布洛伊勒做结论。

④ 因此，关于"词语联结测验是精神分析的临床运用"的说法，其实是不正确的。因为测验本身及"情结"的概念均比精神分析更早确立。

就从这个时候开始，荣格开始热切地研读弗洛伊德的著作。后者似乎验证了他自己在词语联结测验中的发现。除此之外，将他自己的发现放在弗洛伊德思想的新脉络下来看，也似乎出现了全新的含义。荣格这一时期的著作显示出他对弗洛伊德的热切，并且他会毫不留情地攻击任何反对弗洛伊德的人。尽管如此，他同时也平静地表达出他和弗洛伊德的意见不同之处。在1907年的《早发性痴呆心理学》一书中，他便提到自己并不赞同弗洛伊德对婴儿期性创伤所赋予的重要性。他也提到，自己并不认为婴儿期性创伤会如弗洛伊德所称，在临床上占有那么显著的地位。并且他宣称，弗洛伊德的心理治疗"顶多不过能称为有其可行性"。

荣格的精神分析时期始于1909年（在他离开布戈泽利时），终于1913年（他离开精神分析协会时）。在这段时间，其观念逐渐有所改变：一开始时，他不过希望能对弗洛伊德的若干想法提出其他可能性，但很快其想法便无法容于弗洛伊德。

荣格从未接受"俄狄浦斯情结"的概念。在发表于1909年名为《父亲对个人命运的意义》（*The Meaning of the Father for the Destiny of the Individual*）一文中，荣格提到，在词语联结测验中，父子、母女的表现之间有着令人吃惊的相似。①荣格认为，不论是儿子或女儿，似乎在潜意识中对家庭都持一致的态度，仿佛是某种精神上的相互感染。一旦这些态度固定了，就将持续终身。荣格举出几个极具说服力的例证以阐释这些态度是如何无意识地主导个人的生活，而形成所谓的"命运"。简言之，荣格将弗洛伊德所说的"俄狄浦斯情结"获得解决后所发生的种种，归因于上述所说的对家族态度的早期同化（以后来的说法，就是"认同"）。在脚注中，荣格认为原欲就是精神医学者们口中的"意志"（will）和"奋斗"（striving）。

第二年，弗洛伊德发表了"小汉斯"的个案病史。不久之后，荣格在同一本期刊也发表了"儿童的心理冲突"（Psychic Conflicts in a Child），其治疗过程与小汉斯极为相仿。②5岁的小汉斯在妹妹呱呱坠地后开始出现畏惧症的症状，而荣格笔下的4岁小女孩安娜，在弟弟降临人世后，也有相似的问题产生。这一事件诱发小女孩诸多繁复的想象及执着的观念，不仅仅止于思索婴儿的来源，还包括出生之

---

① C. G. Jung, "Die Bedeutung des Vaters für das Schicksal des Einzelnen," Jahrbuch für *Psychoanalytische und Psychopathologische Forschungen*, I (1909). Eng. trans. in *Collected Papers on Analytical Psychology* (London: Baillière, 1916).

② C. G. Jung, "Ueber Konflikte der kindlichen Seele," *Jahrbuch für Psychoanalytische und Psychopathologische Forschungen*, II (1910).

前与死亡之后的生命状态,她甚至自己想出了转世的理论。安娜的父亲决定对她所有的问题都尽可能给出简洁而坦白的答案。这些教导中包括对父亲所扮演之角色的解释。最后,安娜终于完全宽心。但在同一篇论文稍后的修订版中,荣格提到,小女孩随后又不顾这些解释,而重回她童稚式的想法上。

荣格的"谣言心理学"(Psychology of Rumors)是精神分析在社会心理学上的早期应用。该文叙述一位13岁的女学生,告诉同学自己曾做过和老师有关的一个梦。故事传开后却成为校园的丑闻,导致她被学校勒令停学。后来学校决定,在复学之前她必须经由精神科医师评估其状态。荣格受委托前来评估,他分别听取了当事人及其他八个证人关于该梦的报告。梦本身并无任何侮蔑诋毁的成分,但其间的转述者都添加了一些具有诋毁意味的细节。荣格的结论是,该梦确实是女学生无意识欲望的象征,但梦的转述者们则对其加油添醋,增添了新的情节,她们如同在进行精神分析般地对梦进行解析。①

在这段时间,荣格已经开始投身于为一个具有辽阔视界

---

① C. G. Jung, "Ein Beitrag zur Psychologie des Gerüchtes," *Centralblatt für Psychoanalyse*, I (1911).

的工作进行准备。在弗洛伊德的鼓励下,亚伯拉罕、兰克、西尔贝雷以及在苏黎世的里克林等几位精神分析师纷纷开始从事神话的研究。早就对宗教历史着迷的荣格,重新拾起他过去的研究。如同他在自传中所言,荣格对克罗伊策的著作特别感兴趣。①荣格不仅用精神分析的方式来解释神话,也运用自己对神话的知识去了解病人的梦及幻想。荣格曾以超过400页的篇幅去对某个素未谋面者的白日梦与梦想进行过神话学式的诠释。诠释的结果在1911及1912年分两次在精神分析期刊《年鉴》上刊载。②

弗罗诺伊曾经收到一个年轻的美国学生弗兰克·米勒的一些札记,并于1906年将这些记录出版。③米勒很容易接受暗示及自我暗示。在一次地中海航行的旅程中,在做白日梦时,她听见一首三节的诗——《荣耀我主》;在某个夜晚搭乘火车时,她在半睡半醒中创作了一首十行诗《太阳与蛾》;稍后的某天傍晚,在经历了麻烦与焦虑的一天之后,她在瘖寐之间幻想出某些情节,主题围绕在某个阿兹特克或

---

① Friedrich Creuzer, *Symbolik und Mythologie der alten Völker*, besonders der Griechen, 4 vols. (Leipzig: Leske, 1810-1812).
② *Upanishads*,《吠陀经》的一部,讲人与宇宙的关系。——编注
③ C. G. Jung, "Wandlungen und Symbole der Libido. Beiträge zur Entwicklungsgeschichte des Denkens," *Jahrbuch für Psychoanalytische und Psychopathologische Forschungen*, III, No. I (1911, 1912).

印加英雄奇瓦托波耳身上。在记录这些幻想的内容时,她同时从过往事件或阅读经验去追溯其来源。荣格就是凭借这些稀少的数据,试图以神话学和宗教史为基础去对之进行解析。

荣格的著作并不易读。在他最原始的德文版著作里,充斥着许多未经翻译的拉丁文、希腊文、英文、法文的引文,以及从字典中抄录下来的一长串有关语源学的资料。读者会被如雪崩般的旁征博引所淹没。这些内容涉及《圣经》及其他经文;吉尔伽美什的史诗、奥德赛;诗人、哲学家(特别是歌德与尼采)、考古学家、语言学家、宗教历史学者;克罗伊策、司汤达尔及其他神话学研究者;更不用说与荣格同年代的心理学家、精神科医师和精神分析师。读者身处这丰硕的数据中时,都生怕迷途。所幸,作者时时会将读者拉回米勒小姐的身边。作者似乎企图将其经年累积的渊博学识一鼓作气地释放出来,甚至连外祖父山姆·普莱斯威克所谱的赞美诗都被引用。然而,人种学方面的参考文献极少(除了弗罗贝尼乌斯的著作之外),诺斯底教派和炼金术士方面的参考数据更是欠缺。

尽管这是一趟艰辛的阅读之旅,但荣格的著作仍引起大家的广泛兴趣。它带给精神分析三点新意。首先,荣格挥别了弗洛伊德关于原欲的原始概念。他发现,弗洛伊德所主张的"精神病是因为原欲从外面世界抽回所致"的观点并无法令人信服,除非说原欲包含的不只限于性本能。因而,荣格将原欲视为某种精神能量。其次,荣格主张,在这样定义下的原欲自然只能经由象征才可以将自己表现出来。在稍后的演讲中,他补充道,原欲总是经过凝缩才得以表现,也就是以普遍的象征形式表现,如同我们在比较神话学研究中之所见。在此,我们已可窥见荣格"集体无意识"及"原型"概念的雏形。再次,在本书提到的种种神话中,最重要的一个是"英雄的神话"。兰克早已讨论过关于英雄诞生的神话。现在,荣格所描述的则是英雄为了脱离母亲及对抗巨兽所做的战斗。

本书的德文原版在末尾以一段暧昧的话做结论,这段话不仅适用于弗洛伊德本人,对反对弗洛伊德者也一样适用:"我不认为科学的目标是竞争,科学应是通过讨论而使知识更深入的工作。"①

1912年9月,荣格在纽约发表了九场关于精神分析的系

---

① 必须强调的是,本书在随后多次再版中几经修订,以至到了最后一版时,几乎可说是本全新的著作。

列演讲，内容于1913年结集成册出版。①荣格指出，历经多年后，精神分析理论之风貌已有了改变；弗洛伊德也扬弃了他所有神经症皆源于孩童时期性创伤经验的早期想法。荣格声称自己已让精神分析理论有所突破，特别是在原欲理论的基础上进行了翻新。首先，他认为原欲就等同于性驱力的看法是站不住脚的。他诘问，为何婴儿由吸吮获得的快乐不能是进食本能被满足所致，而非要将之归于性本能不可？如此一来，弗洛伊德的概念意味着饥饿即是性驱力的表现。然而，一个人也同样可以振振有词地说道，性本身的表现就是"滋养本能"的发展！不幸的是，弗洛伊德本人用原欲来指称性驱力，之后却将其含义无限地扩张。因此克拉帕赫评论道，弗洛伊德在使用"原欲"这一字眼时，指的其实已是"兴趣"（interest）。荣格认为，要破解这些难题，唯有给原欲赋予精神能量的意义。呈现在人的生命过程中，并且在主观上被个人以奋斗及欲望的形式感知到的，正是这一能量。此观念对心理学所产生的革命性影响，就好比罗伯特·迈尔提出的能量转换理论对物理学产生的影响。除此之

---

① C. G. Jung, "Versuch einer Darstellung der Psychoanalytischen Theorie," *Jahrbuch für Psychoanalytische und Psychopathologische Forschungen*, V (1913). The Theory of Psychoanalysis, Nervous and Mental Disease Monograph Series No. 19 (1915).

外，这样的观念同时也可避免精神分析学派的反对者对原欲偏向神秘主义之指责。如同物理学中能量的概念，原欲的新义是一个抽象概念，也是个纯粹的假说。①从这样的观点出发，就必须以新的方式来理解原欲的演进。对此，荣格区分出三个阶段：第一阶段是前性欲期（presexual），是出生至3~5岁的时期。在这段时间，原欲（或又称精神能量）主要是提供营养与生长所需，并无所谓"婴儿期性欲"的存在。并且他大肆抨击弗洛伊德说婴儿是"多形性倒错者"（polymorph perverse）的说法。第二阶段则紧接前一阶段，结束于青春期之初，弗洛伊德称之为"潜伏期"。荣格却持相反意见，坚称性本能萌芽于此时，进而在第三阶段发展，最后达成个体的性成熟。荣格在回顾了新版的原欲理论与性倒错及精神病的关系后，重新深思了此理论在神经症上所具有的意义。荣格无法接受神经症源自遥远的童年这一说法，反倒认为近况才是诱因（荣格的说法是，那无异于将19世纪德国的政治困境归咎于古罗马帝国入侵）。至于"双亲情结"（parent complexes）又如何解释？荣格认为现在的困境，会导致原欲自然演进过程的停顿，从而引发既往情结的重现；更甚者，

---

① 以魏宁格的用语说来，这不能被称为某种假说，只能说是种虚构（fiction）。

荣格并不接受弗洛伊德关于俄狄浦斯情结的说法。他承认，无论小男孩还是小女孩对母亲的依附多少都较为强烈，这可能会造成某种与父亲间的竞争关系，但其本质在于母亲被视为是某种保护与抚育者，而不是乱伦欲望的对象。真正的儿童期神经症较容易发生在开始上学后。而年龄较长时，则发生在个人面对婚姻或开始赚钱谋生之时。发生神经症时，我们面临最实际的问题是："病人要逃避的任务到底是什么？"或"他尝试要逃避的人生难题是什么？"（我们也许会留意到，荣格对于神经症的看法会令人不由自主地联想到让内和阿德勒的观点。）

至于心理治疗，荣格也认为，病人若袒露了造成心理负荷的秘密，那么这对其病情将有裨益。这一现象从数世纪以来已是众所周知的，且至今仍然有效，不过其治疗过程与精神分析大相径庭。论及精神分析的技巧时，荣格强调梦的解析之重要性。他认同玛伊德所认为的"梦具有目的论之功能"，并坚持需引入比较神话学才有所帮助。荣格也重视当时相当前卫的一个观念——精神分析师必须先接受自我分析。对此，荣格认为自我分析是不可能的。他的结论是，精神分析能将灵魂的起源阐释得更为清楚。

1913年8月，荣格在伦敦的一次演说足以勾勒出上述观点的轮廓。① 一个年轻的男性神经症患者，叙述了以下梦境："我与母亲及姐姐步上一段阶梯，抵达顶端时，我被告知姐姐很快就要有小孩了。"从正统的精神分析角度来看，这是一个很典型的乱伦之梦。荣格却提出异议："假如我将楼梯视为性行为的象征，基于什么理由使我有权利将母亲、姐姐及小孩视为具体之物，而不是象征？"在详细询问过年轻人的处境后，显示他在数个月前已完成学业，却因一直无法找到工作而怀抱罪恶感。显然，根据该病人的梦之预示，其欲实现婴儿期乱伦欲望的程度远不及对他未尽责任的反省。

荣格的学术成就之四：中间阶段

1913年末，荣格与弗洛伊德正式决裂，随即辞去苏黎世大学的教职。1921年，他出版了《心理类型》，为动力精神医学领域提供了一个全新的成熟体系。② 在1914年至1920年间，他并未发表太多著作，却完成了三项重大任务——潜意

---

① C. G. Jung, "Psycho-Analysis," *Transactions of the Psycho-Medical Society*, Vol. IV, Part II (1913).

② C. G. Jung, *Psychologische Typen* (Zurich: Rascher, 1921). Eng. trans., *Psychological Types* (New York: Harcourt Brace, 1923).

识之旅、心理类型和诺斯底教义的研究，这三者盘根错节地紧密相连。

我们之前已见识了荣格在1913年12月开始他的"涅其亚"之旅，他运用主动想象，分析了脑海中随时浮现的象征。现在，他以相同的阐释法，并佐以他在米勒小姐的幻想中所运用的比较神话学方法来分析自己脑海中出现的象征的意义。这个实验是荣格心理学中数个最基本概念的源头之一，如"阿尼玛""自体""超越功能""个体化过程"。这种种均是荣格个人亲身体验过的精神实体。荣格在1916年12月发表的一篇文章中勾勒了他无意识新观念的大纲，指出应付无意识有许多方式，①可以用潜抑，也可以用还原式分析（reductive analysis）宣泄其能量。但是，这些办法其实都不可行，因为无意识不可能被削弱至毫不活动的状态。任何人都可能被无意识所淹没，就像发生在精神分裂症中的情况；也可以运用神秘的方式让自己融入集体精神（collective psyche）。较可行的是与无意识内容进行战斗，虽冒险但值得，以便能征服或削弱它们。这就是神话故事中，英雄大战

---

① C. G. Jung, "La Structure de l'inconscient," *Archives de Psychologie*, XVI (1916), *Collected Works* (New York: Pantheon Books, VII, 1953).

怪兽的象征意义。英雄的胜利会获得财富、无敌的武器和神奇的符咒。"超越集体精神所获的胜利，才是真正的价值所在。"荣格的这段话极可能是在描述自己的经验，也就是1916年底发生的事，显然，他觉得自己当时已经在自我实验中赢得重大胜利。

荣格的自我实验，使其得以对自己早期的"心理类型"概念之意义进一步加以扩展。在1913年9月7日至8日的慕尼黑精神分析讨论会上，荣格首次发表了他对心理类型的构想，并于同年12月刊载在弗罗诺伊主编的期刊上。①在比较了歇斯底里症与精神分裂症的心理征候的差异后，他发现那其实是存在于正常人中的两种态度——"外向"与"内向"之间差异的极端表现。这两种态度在同一个人身上也会有所变化。每一种态度都呈现了对世界的不同观点，因此可以解释存在"内向"倾向高者与"外向"倾向高者之间的不同（就像存在于弗洛伊德与阿德勒之间的不同一样）。荣格的无意识之旅使他了解"外向"和"内向"绝非两种对立的态度，而是互补的心理功能。当内向的倾向逐渐增强时，荣格可以感觉到

---

① C. G. Jung, "Contribution á l'étude des types psychologiques," *Archives de Psychologie*, XIII (1913), *Collected Papers on Analytical Psychology* (London: Baillière, Tindall and Cox, 1916).

自己对外界的感受消退了，而内在视野及幻想成为真正的现实。之后他从极端"内向"返回"外向"，对外界及人的感受变得鲜活，对活动与享乐的需求相对升高。

在这期间，精研宗教史的荣格也开始对诺斯底教派极为着迷。这些异端分子活跃于2世纪中叶，宣称以知识取代了纯粹的信仰。他们自认其观点是基于事实，而且将之系统化成某种"宇宙起源论"。荣格对这批异端分子推崇备至，视他们为潜意识心理学的先驱。显然，他认为自己萃取自无意识的知识来源与这些前辈得到"诺斯"[①]的来源是相同的。

假如我们比较了1911至1912年的《原欲的变形与象征》和1921年的《心理类型》两书所引用的素材，便可以发现荣格在这些年间究竟增添了多少知识。除了诺斯底教派外，现在他也引用了教堂神父（Fathers of the Church）、中世纪神学家、古印度诗作、中国哲学家及其他一些人的神学作品。如此多元的来源也正说明了《心理类型》何以会成为一本有点令人困惑的书。当读者翻开这本700页的巨著，而且满怀期待地希望能在一开始就看到关于心理类型的清晰描述时，必将大失所望。关于分类的描述，仅占书的三分之一，而且是在神学家、哲学家、心理学家、诗人、科学史学者等

---

① Gnosis，指神秘直觉。——译注

的冗长研究之后。但是，如果读者认为这些不过是作者在炫耀其博学而已，那就大错特错了。世界可分为"内向"及"外向"观点的概念有助于我们了解哲学家或神学家之间的分歧。这些争辩发生于泰尔图利安和奥利金；圣·奥古斯丁和贝拉基；超实证教条的支持者与反对者；中世纪的现实主义者和唯名论者；马丁·路德和茨温利（瑞士新教改革领袖）之间。其皆源于世界极端内向和外向的观点之间存在的差异。这些情形也足以说明，德国诗人兼剧作家席勒为什么将诗作分为"感伤"与"天真"两种类型（事实上，席勒曾描述自己身为一位感伤且内向的诗人，与歌德身为一位天真而外向的诗人之间的差异）。尼采也以同样的观点来诠释阿波罗与狄俄尼索斯两者特质上的差异。其他如卡尔·施皮特勒的诗作《奥林匹亚之春》中的普罗米修斯与埃庇米修斯；最近，威廉·奥斯特瓦尔德将科学家分为"古典"与"浪漫"二型，都被荣格分别视为内向与外向的典型。[①]

大部分有关荣格心理类型的说明都过于简略。要想完全掌握荣格理论的复杂性，莫过于去阅读《心理类型》艰涩的

[①] Wilhelm Ostwald, *Grosse Männer* (Leipzig: Akademische Verlagsgesellschaft, 1909).

第十章。荣格发表在《莫顿·普林斯医师纪念文集》上的文章是极佳的概说。①内向或外向是一种自发或有意的态度，以不同的程度呈现在每个人身上。内向的人主要从自己本身内部获得动机，即来自内在的主观因素。外向的人主要从外界获得动机，即外在因素。一个人可能较倾向内向或外向，但在其人生历程中，其倾向可能有所转变。有时，两者之一会固着下来，这时便会被称为外向型或内向型。要区分一个人的个性倾向往往不易，因为仍有中间型存在。难怪荣格说："每个人对规则而言，都是例外。"过度的内向或外向会在无意识中唤醒另一种被压抑的倾向的制衡力量。这种内向的外向化（或外向的内向化）即是被潜抑者的再现。内向与外向均喻示着某种特别的世界观。然而，一个内向的人可以拥有外向的世界观，反之亦然。具有强烈的内向或外向个性的人，很难了解相反个性的人，至少在理智层面是如此。但因为内向与外向的人是互补的，所以内向者与外向者很容易走进婚姻，而且往往婚姻美满。

除内向与外向的概念外，荣格又提出了有意识的心灵层次所具有的四个基本功能。这包括两组相反的功能：思

---

① C. G. Jung, *Psychological Types in Problems of Personality: Studies Presented to Dr. Morton Prince* (New York: Harcourt, Brace and Co., 1925).

考（thinking）和感情（feeling）这两种理性的功能；感官（sensation）与直观（intuition）这两种非理性功能。其中思考与感情相对，而感官与直观相对。此处的非理性并非"反理性"，而是指"理性范围之外"。每个人均兼具四种功能，当某一功能居掌控地位时，另一相对功能就被压制。例如，思考占上风时，感情即屈居下位，但有时我们也可观察到被压制的功能会恢复。一个极度理智的人，其呈现形式可能是古怪的感性行为骤然爆发；而极度感性的人则可能会冒出可笑的理性念头。因为每一个主要功能旁，经常存在着另一种辅助功能，所以，情形比我们推想的更复杂。

以内向与外向的概念，各自搭配四种辅助功能，荣格由此演绎出八种心理类型。四种属于外向型，四种则归于内向型。

> 思考–外向型（thinking-extroverted type）的人根据固着的规则度过一生；他的思考是正向的、综合的、教条式的；感情–外向型（feeling-extroverted type）的人，终其一生恪遵学来的价值观，尊重社会规范，做正确的事，并充满情绪；感官–外向型（sensation-extroverted type）的人偏好享乐与社交，能轻而易举地适应周遭的

人与环境。直观-外向型（intuition-extroverted）的人深具对生命处境的洞察力，能发掘新的可能性而被深深地吸引，在从商、估算及政治上卓有天赋。之后，我们看到的是思考-内向型（thinking-introverted type）的人，荣格对此类型的描述极为详尽，看来似乎是以尼采为蓝本：那是一种缺乏现实感的人，在历经与周遭之人的不快经验后将自己孤立，掌握事物真相的欲望极强，想法极为大胆，但也常因犹豫踟蹰而受阻。感情-内向型（feeling-introverted type）的人显得谦虚及安静，但又过度敏感，朋友往往难以了解。有此特质的女子，对外向的男性而言，往往散发出一股神秘的魅力。感官-内向型（sensation-introverted type）的人也很安静，对世界的看法主要是善意而愉悦的，对于事物美的特质特别敏锐。直观-内向型（initutive-introverted type）的人通常沉浸于白日梦，对自己的内在世界赋予最高的重要性，常被他人视为古怪或不正常的家伙。

阿尼娅·泰亚尔①曾想象一个晚宴场景，其中安排各种心理类型的角色出现：一位完美的女主人（感情-外向型）与丈夫款待嘉宾。先生是一位安详的绅士，收

---

① Ania Teillard, *L'âme et l'écriture* (Paris: Stock, 1948).

藏艺术品，尤其精于鉴赏古画（感官-内向型）。首个抵达的是位颇有才华的律师（思考-外向型），随后而来的是商界名人（感官-外向型）及其夫人，他的妻子是位沉默且富神秘气息的音乐家（感情-内向型）。之后来了一位地位崇高的学者（思考-内向型），他那以前曾担任厨师的太太（感情-外向型）并未一同前来。同时到达的，是一位著名的工程师（直观-外向型）。最后一位客人是令人等候良久的诗人（直观-内向型），但那可怜的家伙显然已忘记了宴会这回事。

荣格类型学的思想来源极为多样。其中之一是当时精神医学所执着的观念——想要寻找临床疾病与心理类型之间的相关性。让内、布洛伊勒、克雷奇默及罗夏，在不同年代均以此种观点切入过。而荣格最基本的概念却来自荣格个人及其真实的生活体验。在他罹患创造性疾患期间，我们可以看见他逐渐向内的转变及恢复至外向的过程。最后，则是荣格大量钻研哲学、神学及文学史的成果。除了这些历史研究之外，还可以发现许多来源。

荣格在年轻时曾狂热地阅读神秘主义作家斯韦登伯格的

作品，这位作家自称曾经漫游过天堂和地狱。①他发现有两个不同的天国及两类不同的天使。"天庭天使"（celestial angels）从内心直接感知及了解神的真理。"心灵天使"（spiritual angels）却需要通过智慧间接地去接受真理，并对之进行验证。其实，只要用诗人去替代天使，用诗的灵感去取代神圣的真理，就能体验到席勒对天真与感伤的诗做的区分。②

奥利弗·布拉赫费尔德③指出，荣格对内向与外向的分类与比内描述的两种理智态度极为神似。④

在长达三年的时间内，比内以其自创的许多心理测验对年幼的女儿阿曼德及玛格丽特进行研究。他称阿曼德为主观主义者，玛格丽特为客观主义者。当孩子们被要求随意写下一些字词时，比内发现阿曼德多使用较抽象的字，也较倾向于叙述想象或提及久远的记忆；玛格

---

① Emanuel Swedenborg, *Heaven and Hell*. Eng. trans. (London: Dent, Everyman's Library, 1909).

② Friedrich Schiller, "Ueber naive und sentimentalische Dichtung," *Sämtliche Schriften* (Stuttgart: Cotta, 1871).

③ Oliver Brachfeld, "Gelenkte Tagträume als Hilfsmittel der Psychotherapie," *Zeitschrift für Psychotherapie*, IV (1954).

④ Alfred Binet, *L'Etude expérimentale de l'intelligence* (Paris: Schleicher, 1903).

丽特则选择较具体的字、现有的事物以及和近期较为有关的回忆。阿曼德脑中呈现较多的自发性想象，然而玛格丽特较能掌控想象的过程。玛格丽特能精确形容物体存在的位置，阿曼德的叙述则较无章法。阿曼德被自发性的注意力主导着，而玛格丽特则具主动而自主的注意力。阿曼德善于衡量时间长短，玛格丽特则较能掌握空间的概念。比内的结论是，心灵有两种态度与心智特质，一种是内观，一种是外观。阿曼德体现的是内观，就是"我们对内在世界、思考、感情所具的知识"。外观就是"对外界的认识多于对自己的认识"。因此，阿曼德精于对自己意识状态的描述，而对外界的叙述则相对逊色。相反的情形则发生在玛格丽特身上。比内强调，社会化及和他人容易亲近与否，并不一定和任一态度有关。但内观型人天生适合艺术、诗和神秘主义；外观型人则适合科学。①比内的结论是，这两种心理类型在哲学史中扮演着举足轻重的角色，这也可以解释中世纪现实论者和唯名论者之间的分歧。

比内的书出版时大约是荣格在巴黎追随让内的时期，因此

---

① 事实上，据说阿曼德最后成了画家。

荣格应该拜读过他的书，不过事后遗忘了。这种事例在动力精神医学史中比比皆是：一个我们以为是新创的想法，其实早在之前就存在过了。

荣格的学术成就之五：分析心理学

荣格脱离精神分析运动的阵营后，便不再以精神分析师自居；弗洛伊德学派也不再认可他。从一开始，荣格便有一些非源自弗洛伊德的理念，到这时，他终于能依照自己的想法，不受限制地发展出自己的体系，他称这一系统为"分析心理学"（analytic psychology）或"情结心理学"（complex psychology）。在1921年发表的《心理类型》最后一章里，荣格清楚地对此崭新观念做出定义。这也是他花费余生，以至少二十本专著及难以计数的文章来推广的主题，因而我们只得勉力尝试，以提纲挈领的方式来阐述荣格的分析心理学。要对这博大的体系进行逐步探讨，本身就需要500页的篇幅，不幸的是，连荣格自己也从未亲身从事这件工作。我们只能满足于对以下各个主题做简短介绍：精神能量学（psychic energetics）、潜意识与原型、人类心灵的结构、个体化、梦和荣格概念中的精神病与神经症。

精神能量学

荣格与当代许多研究者一样，都各自发展出一套关于精神能量（psychic energetics）的论述系统。他的思维反映在著作《原欲的变形与象征》及一本论精神能量的书中。19世纪末，"原欲"这个词往往被用来指称"性欲"（sexual desire）或"性本能"（sexual instinct）。穆尔认为原欲除此意之外，应该还涵盖性本能演变的各阶段。弗洛伊德则进一步扩延其义，认为原欲应该是性本能可能的变形和其演变的各阶段的总和。弗洛伊德对穆尔的概念进行补充及扩展；荣格对弗洛伊德所做的也是同样的事情。他将其含义进一步扩充，以原欲来指称精神能量之总体。后来，荣格干脆摒弃了"原欲"一词，只提精神能量。

在这一观点下，物理能量与精神能量的关系如何，这样的问题自然会浮现。和让内一样，荣格也声称物理能量与精神能量的关系是存在的，但因为精神能量无法测量，因此我们无法展示出这种关系的存在，而且两者之间没有可换算的单位。除此之外，荣格认定物理能量的法则应该可应用于精神能量，如守恒律、转换律及衰退律等原则。与物理能量不同的是，精神能量不仅有其源头，还有其目的。

精神能量源自本能，也能移情到其他各种本能之上。在转换过程中，精神能量的量是守恒的；当能量看似消逝时，意味着其被储藏在无意识中，随时可以再被动用。尽管我们无法测量精神能量，但仍可区分出能量强度的差异。我们可出某一情结所具有的能量。测试的方法是衡量"词语联结测验"中出现的字句数目与其中干扰因子的强度。

精神能量也存在能阶。荣格和让内一样，指出有高低不同的精神能量。甚至连"骨"（entropy）的观念也可应用于心理学，只要本质上存在封闭的心理系统。年纪老迈的精神分裂症患者与外界脱节、活动量少且完全不语，即是精神能量极度衰退的表征，但是其"骨"增加了。

荣格认为，精神能量不是"前行"（progression）就是"退行"（regression）的。"前行"是不断去适应外界的连续过程，若适应失败则导致停滞或"退行"，会重新触发无意识中的素材及原有的内在冲突。然而，前行绝不可与演化（evolution）混为一谈：一个人可能与外界保持良好的适应状态，却与内在的精神实体脱节。在此情形下，暂时的退行作用或许对个人有所裨益，使其有能力去应付无意识的需求。

在相同的观点下，"象征"（symbol）也可以是能量转换的中介物。当某一象征被同化时，部分的精神能量就被释放出来，可用于意识层次的活动。像原始民族在狩猎或作战前举行的宗教或神奇仪式，都是激发潜在能量的方式。①

集体无意识与原型

虽然荣格数年之内都全心浸淫于个人无意识领域，不过他从头至尾都不认为个人无意识本身只具有退行特质（我们可以回忆年轻灵媒的故事，荣格看到一个全新的人格将从其众多的无意识人格中破茧而出）。然后，在"词语联结测验"中，荣格必须面对情结的问题，他发现"情结"所有可能的面貌，可以从一小群无意识呈现物到发展完全的"双重人格"。有两个特征特别引人注目：情结具有自动发展的特性，而且有集结成为人格的倾向（这可以见于梦、通灵、巫术、附身现象及多重人格）。

其次，要提到的是"意象"（imago）概念②。弗洛伊德一直强调，亲子关系的重要性及其产生的长久影响，重要的并不是父母亲实际如何，而是他们留在孩子心中的主观感觉。荣格建议将这种主观的重现称为"意象"，此灵感来

---

① 让内之前便已有过这样的说法。
② 意象原指蝶或蛾的成虫，在精神分析中则代表幼年时期在心中形成理想化的所爱之人的形象，并一直保留至成年。——译注

自卡尔·施皮特勒的小说之名。弗洛伊德指出"意象"在无意识中主导"爱的客体"（love-object）的选择。荣格则审慎地考虑了真实母亲与"母亲的意象"之间的不同。他设想道，最重要的事实是，在每一个男性的无意识中，很早之前便存在某种女性的心像（image）。在1907年左右，"意象"的概念是精神分析师中最流行的话题之一，虽然这一概念逐渐失去其重要性，但从未被正式摒弃。在荣格的心理学中，"意象"是"情结"与"原型"间过渡阶段的概念。"原型"与荣格的"集体无意识"概念有密不可分的关系。①

　　荣格关于无意识的概念与弗洛伊德相关概念的不同主要有：一、无意识的发展是种自动的过程；二、无意识与意识相辅相成；三、无意识是人类共通的原始心像（primordial images）即原型的居所。荣格回忆到，他有关原型概念的灵感是来自布戈泽利医院的一位年老的精神分裂症患者。该患者自述自己日夜都充满幻觉，他曾告诉主治医师霍尼格，自己曾看见太阳有性器（phallus），性器的运动产生了风。他为什么产生这个怪异妄想一直令人无法理解，直到荣格阅读

---

　　① 先前翻译成"种族无意识"（racial unconscious）是不恰当的，不应该继续使用下去。

了宗教历史学者阿尔布雷克特·迪特里希①新出版的著作后才恍然大悟。那是一本谈论密特拉教礼拜仪式的书籍，这个宗教至今只在一卷仍未出版的希腊文书稿中被提及过。迪特里希在文中谈到，风的起源是太阳悬垂下来的一条管子。然而，病人显然不可能阅读过该书。对荣格而言，唯一的解释是某种共通的象征普遍存在于宗教神话和精神病的妄想中②。很多相似的例子虽不如前例显著，却可以说明此现象绝非偶然。

荣格关于原型的理论经常被误解。"原型本体"（archetypes proper）和"原型心像"（archetype images）必须被区分清楚。原型本体蛰伏于无意识，隐而不显；原型心像则是原型本体在意识层次的呈现。原型并非源自个人经验，而是人类共通性的存在。荣格学派的学者认为，这样的共通性出自人类大脑的内在结构或某种新柏拉图主义意味下的"世界灵"（world-soul）。自认为经验主义者的荣格并未否定这二者中任何一种的可能性，但他认为必须在不识原型

---

① Albrecht Dieterich, *Eine Mithrasliturgie erläutert* (Leipzig: Teubner, 1903).

② 事实上，以太阳象征阳具（Sonnenphallus）在克罗伊策的《*Symbolik und Mythologie der atlten Völker*》中已有所提及。荣格对此作品甚为熟悉。迪特里希也提到，当时类似的观念流行于许多国家。

本质的情况下去认识原型。荣格的原型心像会令我们联想到冯·舒伯特的想法，后者认为表现在人类梦中及神话的素材是人类共通的象征语言。然而荣格的原型概念不限于此，他认为原型是精神能量的中心，具有某种难以理解但栩栩如生的生命特质，不管是迫于外来事件还是发生内在改变，它们在危急状况下都会显现出来。

我们可以援引威廉·詹姆斯在1906年旧金山大地震时的经验。①他因这一外来事件"激发出了他的原型心像"。"他在某日清晨醒来，躺在床上时即已意识到地震发生了，却未感到丝毫的恐惧，反而感到喜悦与舒坦。"詹姆斯描述道：

> 我将地震拟人化，视其为永恒的个体……它来临了，而且冲着我来。它在我背后，在房间内偷偷摸摸，向我展示它自己。从来未曾有人类表现出如此恶毒的意图，也从没有人类的行动是如此清楚地向活生生的个体表达其起源。

---

① William James, "On Some Mental Effects of the Earthquake" (1906), reprinted in *Memories and Studies* (London: Longmans Green and Co., 1911).

詹姆斯发现其他地震经历者皆感受到地震具有某种意图，而且是恶意的。有的人则提到其具有模糊的魔鬼般的力量。也有人相信世界末日及最后的审判来临了。但对詹姆斯而言，它具有人所有的一切特质。詹姆斯的结论是：

> 我现在更清楚地了解早期的神话故事中，人们为何会视这些灾难为不可避免的了；也更了解受过科学教育的我们，与那些未受过教育的人对自然的感知存在多么大的差异。对于未曾受过教育的人而言，地震在他们的心中，就只能是超自然的警告与天谴。

这段话完美地呈现出一个人是如何体验到原型心像的浮现的。在外界事件的压力下，威廉·詹姆斯的原型被投射出来。但在更多的场合，原型会和一个人最内在的生命一起显现。原型可出现在梦中，也可以经由强迫的想象及自动性作画显现出来。原型的种类可说是无限的，有的远离意识，有的则极为接近。这一切，均与人类的心灵结构有关。

人类的心灵结构

荣格将意识层面的自我置于外在世界（或空间世界）及内在世界（或精神客观世界）的接壤地带。诚如鲍德温所言："潜意识伸展的范围远超过意识，这正如外在世界远超过我们视野的所及。①"一些亚人格沉降在自我的四周，终其一生，这些亚人格与自我的关系都会不断地改变。亚人格包括假面（persona）、阴影（shadow）、"阿尼玛"（anima）或"阿尼姆斯"（animus）、精神原型（archetypes of the spirit）以及自体等。面对外界，个人会展现某种夸饰门面的社交面具——假面，"假面"在拉丁文中意指演剧时所戴的面具。一个人必定属于某一团体，如某种职业、社会阶层、世袭地位、政党或民族，他适应这些传统的态度的总和便称为其"假面"。有些人太过认同这些态度，反而失去与自身真实人格的联结。往往在种族、社会及民族的偏见中，我们可以看到"假面"的最极端表现。

相反地，阴影则是一个人想要隐藏的某些人格特质，也就是将他与他人或自己隔绝的人格特质的总和。但往往人愈是要隐藏，这些"阴影"可能反而愈是活跃，且更具恶意。

---

① Charles Baudouin, "Position de C. G, Jung," *Schweizerische Zeitschrift für Psychologie*, IV (1945).

在霍夫曼的小说《魔鬼的灵药》中,有个名为"黑暗修士"的魔鬼,如影随形地伴随在修士米道得斯身边。这是"阴影"在文学中的一个例子,旨在描述它如何挣脱有意识人格的束缚而犯下恶行。阴影也可以被投射在他人身上,一个人会在他所选择的"代罪羔羊"身上看见自己黑暗的一面。有时候,在酒或其他因素的影响下,阴影可以短暂地控制一个人,而事后当事人可能会因为自己邪恶的罪行而觉得战栗不已。

荣格概念中的"阴影"绝对不可与弗洛伊德的"被潜抑之物"(the repressed)混淆。阴影与未察觉有关,而不是无意识。① "未察觉"指一个人面对世界及自己时所看不见的层面,但只要他真想要看到便能看见。一个人可能自认为是个好丈夫、好父亲,同时也被部属喜欢、被朋友尊敬;但这个人可能忽略了自己其实是个自私的丈夫、专横的父亲,部属憎恨他、朋友怕他的事实。人们所"未察觉"到的自己负向的一面,就是荣格所称的"阴影"。

"假面"与"阴影"和个人外在表现的关系较密切,其他亚人格则与集体无意识中内在的"精神实体"有关,诸如

---

① 在德文中,"未察觉"(die Unbewusstheit)与"无意识"(das Unbewusste)有所不同。

灵魂的原型（如阿尼玛或阿尼姆斯）、精神原型（如智慧老人、伟大的母亲），以及位居所有原型最中心的"自体"。

如同所有原型一样，当灵魂的原型向外投射，而呈现出异性的种种具体化特质时，便可被感知。所以对于男性，其表现为女性形象，称为"阿尼玛"；对于女性则为阳刚的形象"阿尼姆斯"。我们之前已提过，荣格借由自我分析而发现了"阿尼玛"；随后，从病人的梦与想象中都发现了其存在，甚至存在于宗教、神话及文学等诸多形式中。①

灵魂的原型在男性中，表现为一个完美的女性形象——阿尼玛；在女性中则是阳刚的形象——阿尼姆斯。这是由于男女天生具有互补的特质，在无意识中以理想的形象将对方保留起来。男人会将其生命中所遇见的女性（如母亲、姐妹、朋友、爱人、配偶）扭曲而成为其阿尼玛。"阿尼玛"也会出现在梦、视觉、想象及各种民族的神话中。它已经成为作家及诗人等的灵感源泉。有时候，"阿尼玛"会从无意识中以戏剧化的方式投射而出，如一见钟情、痴恋等，引致灾难性的后果。然而，"阿尼玛"并不是只会造成这些负面

---

① C. G. Jung, *Erinnerungen, Träume, Gedanken* (Zurich: Rascher Verlag, 1962), Eng. trans., *Memories, Dreams, Reflections* (New York: Pantheon, 1963).

影响，个人也能找到合适的与之相处之道，使其成为智慧、灵感及创造力的来源。

荣格"阿尼玛"的概念涵盖了在19世纪末一些被人们热切讨论的议题。第一个议题是自恋之爱（narcissistic love），指的是无意识地将自己的爱或多或少投射在另一个人身上的结果。第二个议题是关于"母亲意象"（mother imago）概念的讨论。尼采早就说过："每个男人内心均存在由母亲衍生而来的女性形象，并因而对女性采取尊敬或蔑视的态度。"卡尔·奈塞尔所持的观点与此相去不远："一个男人之所以会爱上一个女人，原因是她像他某一位女性祖先。①"魏尔伦的诗作《我熟悉的梦》中描述了一个理想女性的形象，她像是家族中去世的一个女性，仁慈且被敬爱，看似千变万化，却又永恒如斯。第三个与此有关的议题是，过往的爱情不断地从一个女性移情到另一个女性。文学中的一个例子出现在托马斯·哈代的小说《理想情人》中。书中描述一个男人在年轻、成熟及衰老的三个人生阶段分别爱上了三个女人。②但她们最后都下嫁他人。第一位情人就是后

---

① Karl Neisser, *Die Entstehung der Liebe* (Vienna: Karl Koneggen, 1897).

② Thomas Hardy, *The Well-Beloved, A Sketch of a Temperament* (London: McIlvaine & Co., 1897).

来第二位情人的母亲，第二位则是第三位的母亲。最后，他终于领悟了，其实他一直是在与同一个女人恋爱。第四个议题是，在"阿尼玛"的概念中，还包含了由人类生理上所存在的双性恋倾向（bisexuality）而带来的吸引力。因为男人中有女性的成分，女人中有男性的成分，因而，不管男女都会被存在对方身上的这种互补人格所吸引。由于"阿尼玛"的影响，男人能将心像投射至他的爱人身上，因而他所见到的必然与真实的对方不同；他所宣称所爱的种种特质也与她格格不入。但事情也非如此单纯，荣格宣称存在某种特殊的女性特质——所谓的"阿尼玛形象"（Anima-Gestalt），会深深吸引男性"阿尼玛"的投射。荣格在此经常以赖德·哈格德的小说《她》为例。①

　　一个具有希腊血统的英国年轻男子，在东非中部发现一座不为人知的城市。该城市是由一位名叫艾莎的白人女王统治，她总是以面纱遮面。这位出色、谜一样又似魔一样的女人已有两千岁，她以魔法永葆青春。她只爱过一个男人——希腊的卡利特瑞特，而且对他悼念至

---

① H. Rider Haggard, *She: A History of Adventure* (London: Longman's, Green Co., 1886).

今。当她发现这名年轻访客是卡利特瑞特的后裔时,便坠入了情网,而意欲使他永生。为此,他必须走过火堆,当他裹足不前时,她率先示范,却导致她丧失不死的能力而化为灰烬。这本小说在19世纪末成为畅销书,据说是作者在灵光乍现且近乎着魔的情况下写成的。①

任何人都可以列举出一长串文学中的"阿尼玛形象",比如荷马史诗《奥德赛》中的喀耳刻以及皮埃尔·伯努瓦的小说《亚特兰蒂斯》中的安提妮。其中,安提妮也是荣格经常引用的例子。

对于女性,灵魂的原型是阿尼姆斯。它较少被荣格和其追随者提及。②虽然"阿尼玛"通常是单个女性形象,但"阿尼姆斯"是多个男性形象。对于小女孩,"阿尼姆斯"会因对老人或父亲的迷恋而呈现;对于成熟女性,其对象可能是运动健将,在某些负面例子中,他可能是个花花公子或罪犯;对于上了年纪的女性,他则更可能是个医师、牧师或怀才不遇的天才。如同男性投射其"阿尼玛"至某个"阿尼玛形

---

① Morton Cohen, *Rider Haggard, His Life and Works* (London: Hutchinson, 1960).

② Emma Jung, "Ein Beitrag zum Problem des Animus," in C. G. Jung, *Wirklichkeit der Seele* (Zurich: Rascher, 1934).

象"一样，女性投射"阿尼姆斯"至一个真正男性身上时，也同样可造成毁灭性的影响。"阿尼姆斯"更常表现在女性对其丈夫或其他男性形象的扭曲感觉上，也可能引发顽固的想法、无法妥协的非理性意见，而导致激烈的争执（例如，阿德勒所说的男性抗争，在荣格看来，则是"阿尼姆斯"的表现）。当女性体会到了自己与"阿尼姆斯"的真实关系时，它就不再造成困扰，而成为理智、沉着、平静和平衡之源。但"阿尼姆斯"似乎不像"阿尼玛"那样常常激发小说家的灵感。

精神原型的重要性仅次于灵魂原型（阿尼玛与阿尼姆斯），人们通常在生活的关键时刻遇上它。它在梦中以多种象征形式出现：诸如风、祖先、助人的动物、神等。这类原型有以智慧老人出现的倾向：在原始民族是巫医，在各宗教是僧侣与牧师，或是可以令人获益的任何人。与其他原型一样，智慧老人也能以邪恶的形象出现，如男巫。在心理治疗过程中，这种原型也可能被投射在某个活生生的人身上，病人会将治疗师视为全能的魔术师。让自己认同这种原型，可能会陷入荣格所称的"心理膨胀"（psychic inflation）险境。在文学中，尼采书中的主人公查拉图斯特拉就是智慧老人拟人化的绝佳范例。就荣格看来，尼采自己认同了书中的查拉图斯特拉，那是他自己——智慧老人原型的化身。这足以解释尼采为什么在精神崩溃时发展出夸大妄想。

在很长的一段时间，荣格似乎倾向于认为智慧老人是男性心理的特征。但后来，他在女性中也发现了这种原型。相对地，大地之母（magna mater）起初也被荣格视为典型的女性心理特征，但后来也可以在男性身上找到。荣格似乎将"伟大的母亲"视为母亲原型的一种特殊形式，如同其他原型一般，能以各种面貌呈现，①它能被投射在自己的母亲、祖母或任何一位女性祖先、圣人、圣母、非凡的智者、教堂、思想之源或是祖国之上。伟大母亲的负面形象则呈现为操控人类命运的神祇、巫婆、龙等。

自体是所有原型的中心。英文"self"一词被赋予太多令人矛盾、困惑的含义，因而很难表达出荣格所使用的德文"Selbst"［就字面而言，意为本身（itself）］一词的意思。它既是无意识与意识的精神总体，也是那不可见的、无意识的、人格的最深处的中心。值得注意的是，"自体"不应与意识的"自我"相混淆。与其他的原型一样，自体平时

---

① C. G. Jung, "Die psychologischen Aspekte des Mutterarchetypus," *Eranos-Jahrbuch*, VI (1938), Eng. trans., *Collected Works* (New York: Pantheon Books, 1959).

"藏身"于无意识,但可以经由梦或幻想,或经由投射而显现出来。要探讨自体,就不能不谈到"个体化"的过程。

个体化

我们逐渐地进入了荣格心理理论及治疗体系的最核心。荣格所称的个体化,指的是在正常情况下引导一个人去统合其人格的种种过程。中世纪神学家已用过"个体化"这一名词,但意义有所不同。①个体化的过程在人的一生中持续地进行着。

弗洛伊德对人一生的发展有其新的概念:那是一系列原欲发展的阶段,最高峰是"俄狄浦斯情结"。之后有一段潜伏期,随后是青春期性本能的二度复苏。进入成熟期后,心性发展便不再有巨大变动了。荣格的概念则截然不同,他视人的一生为一系列的蜕变。从婴儿时期的集体无意识独立出来到"自体"的完成,整个过程在一生中均持续进行。

一个人诞生时便具有未分化的无意识;然后意识层面的自我慢慢成形。荣格坚持存在着心理上的共生现象,这不只存在于新生命与母亲之间,也存在于其与整个家庭之间。小

---

① Johannes Assenmacher, *Die Geschichte des Individuationsprinzips in der Scholastik* (Leipzig: Meiner, 1926).

孩与母亲具有相似的梦境，并且双亲与小孩在"词语联结测验"上的反应具有相似性，这证实了这一现象。基于此，我们在面对神经症儿童时，必须同时注意到父母的态度。至于俄狄浦斯情结，荣格从不认为那是人类共通及必备的特质，而认为那是父母面对儿童时的态度所引发的问题。

　　逐渐地，儿童的"个体性"（individuality）从家庭中独立出来。就此点而言，上学很重要，这是儿童"个体化"的开始。随之而来的是青少年时期，是他们必须抛弃幼稚特征的时候。到了成年期，则需将青少年期扬弃。荣格在东非的田野调查发现，当地人从儿童到成年的转变得力于一些启蒙仪式，这可以避免青少年时期被拖延得太长引发危机，而不致像西方年轻人一样发生种种问题。随着成年而来的是对社会责任的关心和一些与"阿尼玛""阿尼姆斯"相关的新问题。

　　"生命的转折点"（Lebenswende）是人生中一个主要的蜕变。当一个人处在32岁至38岁的阶段时，必定会发生突然或渐进的重大转变。在此之前，有人会做出具有原型性质的、令人印象深刻的梦。那些在前半生被他所忽略的问题、责任或需求，现在都展现了出来。有时候一个一直抑制对爱的需求的人，将会成为法文所称"正午的邪魔"（le démon de midi）的牺牲品，这是保罗·布尔热①知名的小说之一，曾被雷庞用精神分析的观点讨论过。②有时候，这样的神经症源于理智与灵性长期被抑制的需求，③因而必须开始正视来自无意识的警告。也就是说，人需要改变自己的生活方式，不然就将虚度下半辈子的光阴。正如一个人成熟之际，就应该将属于儿童或青少年时期的东西束之高阁，同样地，开始下半辈子的人生时，他也该将前半生的过往之物抛弃。在后半段的生命中，我们将会"遇到"精神原型及"自体"原型。荣格曾比较了西方文化下那强装年轻的不幸老人与充满尊严的东非厄尔贡尼老人之间的差异，后者比较能赢得部落族人的敬重。

当个体化完成时，自我（ego）不再是人格的中心，而像个绕着不可见的太阳——自体——旋转的行星。这时，个体已经获得平静，不再畏惧死亡，而且当他真正了解自己时，也必定了解到与他人间的联结之本质。荣格毫不犹豫地使用了那几近老掉牙的字眼——"智慧"（wisdom）来称呼它。

---

① Paul Bourget, *Le Démon de midi* (Paris: Plon, 1914).
② André Repond, "Le Démon de midi," *L'Evolution Psychiatrique* (1939).
③ 例见陀思妥耶夫斯基的小说《永远的丈夫》（*The Eternal Husband*）中对于维查尼诺夫中年神经症的描绘，以及亚庐的小说《海洋的深度》（*Les Profondeurs de la mer*）中对于马塞兰·罗塔尔的描绘。

对荣格而言，较时髦的字眼"成熟"（maturity）无法淋漓尽致地表达其真髓。荣格宣称："生命的自然终点不是年老，而是智慧。"①

个体化的过程可能会停滞，心理治疗师的任务就是协助病人铲除这一妨碍人格继续发展的障碍。当我们讨论到荣格的心理治疗时，将会再回来讨论此观点。

个体化的进展经常可通过在意识层面浮出的"自体"——原型心像——而呈现。在种种原型心像中，有三种出现得最为频繁，分别是四位一体（the quaternity）、曼陀罗以及圣童（the divine child）。四位一体的象征可以是正方形或长方形等几何形式的表现，也可以是与"四"有关之物，如四个人、四棵树等；有时候则是在原先的三合体中加入第四者而完成四位一体的形式。在荣格发表的四百个梦中，这种象征出现过不下七十一次。②荣格并非首位提到有关四位一体之象征的人。19世纪时，法国的法布雷·德·奥

---

① 这是流传于荣格学生之中的众多口传之一，但似乎从未见于他的书面著作中。

② C. G. Jung, *Psychology and Religion* (New Haven: Yale University Press, 1937).

利韦早已写过相同的主题。①然而，荣格无疑是将"四位一体"与"个体化"过程紧密相扣的第一人。"曼陀罗"是个圆形并内饰以四个象限的象征图案，常见于印度及西藏，被苦行者及神秘主义者用以协助进入冥想状态，此方式已流传了好几个世纪。②

个体化过程不应与暂时性的"退行"及"前行"等过程混淆。荣格所称的"退行"是指一种向内的运动，指逐渐向内或逼近无意识的运动。反之，"前行"是由无意识回返意识。当"内向"减少，"向外"比重增加，便使个体与现实更紧密地联结。每当"个体化"踌躇不前时，"退行"之后再发生的"前行"会带来崭新的动力，这正是治疗性个体化（therapeutic individuation）的基本原理。通过梦的解析、积极的想象及绘画，找出潜意识的幻想，病人将能进入退行状态，启动他的无意识之旅。从1913年至1918年，荣格经历的这种旅程，也是他所创造的"合成-诠释疗法"（synthetic-hermeneutic therapy）的模式。以荣格的观点而言，这样的模

---

① Fabre D'Olivet, *Les Vers dorés de Pythagore* (Paris: Treuttel & Würtz, 1813), Léon Cellier, *Fabre D'Olivet—La Vraie Mconnerie et la céleste culture* (Paris, 1952).

② Giuseppe Tucci, *Teoria e practica del Mandala con particolare riguardo alla moderna psicologia del profondo* (Rome: Astrolabio, 1949), Anagarika Govinda, *Mandala. Des heilige Kreis* (Zurich: Origo-Verlag, 1960).

式和那古老的说法——到死者之域的旅程——极为相似。这个源远流长的叙事传统，可能源于巫师到灵魂之域的游历经验。之后，则可在吉尔伽美什的史诗、荷马的《奥德赛》、维吉尔的《埃涅阿斯纪》（*Aeneis*）及但丁的《神曲》[①]中见到。在现代诸多新形式的创作中，也依然可见。[②]

任何无意识之旅，都会出现荣格形容为"回归彼岸"（enantiodromia）的特征。这一字眼源自赫拉克利提斯，意为"回归对侧"（return to opposite）。某些心灵活动，在既定的点上会完全反转，这种现象似乎隐示了某种自我调节的运作。这样的观念也早被诗人象征性地描绘过。在《神曲》中，我们看见但丁和维吉尔抵达地狱最深处，然后反方向去往炼狱及天堂，向上迈出第一步。这种退行作用自发性转向的神秘现象，所有成功地克服了创造性疾患的病人都曾体验过，也成为荣格"合成-诠释疗法"的特征。

[①] August Rüegg, *Die Jenseitsvorstellungen vor Dante und die übrigen literarischen Voraussetzungen der Divina Commedia* (Einsiedeln: Benziger, 1944).

[②] 凡尔纳的《地心游记》（*Journey to the Centre of the Earth*）一书可以视为一种无意识之旅，随着其逐渐深入，遇见相应的原型，最后出现的是火球（灵魂的象征）。后者启动了"enantiodromia"，意指整个退行过程反转，逐步回到一般的世界。

荣格的学术成就之六：心理治疗

荣格学派的心理治疗包含几个阶段，每一阶段均能单独构成独立的治疗方法。我们已经分别探讨过荣格的数种方法，包括将病人带至察觉状态、"致病秘密"的治疗、还原式分析的方法、个体化的推进及再教育。

在荣格的观点中，任何心理治疗的第一步都应是引领病人回到现实，特别是让病人察觉他目前的处境。有些患者只需被唤醒，就能去面对自身问题的某些层面，其他人则活在对所有事情都浑然未觉的状态中。荣格喜欢举塔尔塔兰的例子，他是阿尔韦斯·都德小说中的英雄。有一个吹嘘者对他开了个玩笑，说瑞士的阿尔卑斯山已建造了许多甬道，许多雇员在甬道中待命，所有登山的危险都已不复存在。[①]塔尔塔兰对此竟然坚信不疑，因此他不带丝毫不安地攀上了少女峰，但等他了解真相后，立刻就恐慌不已了。荣格认为，许多人都活在类似的虚假生命中。有的人觉醒得早，有的人在生命的中段觉醒，有的则相当晚，甚至是躺在临终的床榻上才觉醒。有时候，人们真的得睁开双眼，以面对他所未见

---

① Alphonse Daudet, *Tartarin sur les Alpes* (Paris: Calmann-Lévy, 1885).

到的实质危险。① 有时，他更应该去了解自己所作所为的道德含意。对后者，荣格以一个罹患神经症的年轻男孩接受心理治疗的案例为例。② 这个年轻男孩由一个上了年纪的可怜女教师供养，女教师深爱着他。荣格治疗的第一个步骤，是让病人了解他的生活方式是不道德的，并让他有所改变。在荣格式的治疗过程中，对于现实情况的考虑在治疗中永远占据最显著的地位。我们接下来将看到的是，即使在分析和原型有关的深奥象征时，病人仍需一直面对治疗师所提出的问题，思考如何将这些洞见应用到当下的实际生活中。

荣格心理治疗的第二阶段是处理"致病秘密"。我们在前面已经提到，清楚且富技巧地处理致病秘密，已成为某些新教牧师治疗灵魂时的有效利器。我们也可以见到这种治疗如何逐渐世俗化，最后被班奈迪特引入精神医学的领域。荣格是否听过致病秘密的疗法，或是他重新将之发掘出来，至今仍没有定论。在自传中，他提及他初次将这种治疗应用于

---

① 一个例子是伊索兰尼的自传体小说。某位年轻犹太女性在法国战败后的几个星期被送到顾尔的集中营。她和同伴们一开始时都只关心日常生活琐事，直到有一天某位天主教修女告诉她们所面对的灾难有多庞大后，才有所启发。

② C. G. Jung, *Analytische Psychologie und Erziehung* (Heidelberg: Kampmann, 1926), Eng. trans., *Collected Works* (New York: Pantheon Books, 1954).

临床时的经验。

当荣格还在布戈泽利医院担任住院医师时，曾负责照料一位罹患抑郁症的女病人，其严重程度让她被认为可能患有精神分裂症。由"词语联结测验"的结果及梦的解析的表现，让荣格不由得去怀疑，其中必然隐藏着悲剧性的秘密。后来病人告诉荣格，她原先认为自己所挚爱且期望能与其共度余生的男人根本不爱她。但后来她突然获知，其实对方也深爱着他。她极为吃惊，但是问题已经无法解决，因为她已婚，而且育有两个小孩。后来她让小女儿喝了污水，甚至还给了小男孩一杯。当小女孩死于伤寒时，她自己变得烦躁不已，因而必须住院治疗。荣格对她说明，这样的秘密究竟是如何让她生病的，之后两星期，她已痊愈出院。但荣格决定不将个案的情况告诉任何同仁。之后，他有机会去重复类似的疗法，并认为针对每一个案都应该系统性地去分析其"致病秘密"存在的可能性。①

---

① C. G. Jung, *Erinnerungen, Träume, Gedanken* (Zurich: Rascher Verlag, 1962).

在这样的治疗中，治疗师必须对病人的隐私完全保密，此种强调绝非多余。无论是与同事或督导讨论、写成个案报告、录音还是在设有单面镜的会谈室进行会谈，都绝不容许。这就是所谓的"以秘密来处理秘密"的疗法。

在治疗要进一步深入之前，我们必须审慎考虑宗教信仰的问题。荣格坚称，他在人生后半阶段治疗的所有病人，其主要问题都与宗教态度有莫大的关联。① 这当然不意味治疗师必须对此有所介入，但治疗师能点醒病人，如果有信仰的话，只要严肃、单纯地去重启他的宗教信仰，神经症就可能因而治愈。这一方法对天主教徒特别有效，但对新教徒则效果有限。然而，荣格还举例道：一些新教徒参加了"牛津团体"（Oxford Group）或类似的运动后，也能挣脱神经症的纠缠。②

然而，绝大部分病人并无法单凭这样单纯而激进的疗法而痊愈，他们仍需接受全套的心理治疗程序。全面地记录病人的生活及病史是事前必须的准备工作。之后，治疗师才能

---

① C. G. Jung, *Die Beziehungen der Psychotherapie zur Seelsorge* (Zurich: Rascher, 1932), Eng. trans., *Collected Works* (New York: Pantheon Books, 1958).

② 1833年左右，牛津大学兴起一种宗教运动，其主要目的是将天主教教义及仪式纳入英国国教，此称为"牛津运动"（Oxford movement），其团体称为"牛津团体"。——译注

决定是采用分析-还原疗法（即弗洛伊德或阿德勒的治疗原则）还是合成-诠释治疗。

荣格提到，有些病人的主要特质是某种婴儿般的享乐主义，渴求本能的满足；然而有些病人却被权力欲及优越感所驱使。第一种人需要精神分析为导向的治疗，第二种人则需遵循阿德勒学派的原则。例如，若以弗洛伊德的方式去处理一个婴儿般渴望优越却无法如愿的人，则治疗必然失败。相同地，以阿德勒方式去处理一个有强烈享乐心理的成功之人，也会招致同样的结局。通常，事前的评估就足以决定何种方法较为适合。荣格有一种简单的判断方法去区分何种病人适合哪种疗法。有时候，他会将弗洛伊德及阿德勒的著作给受教育程度较高的患者阅读，病人很快就会发觉哪种疗法是天生适合自己的。"分析-还原法"有时会产生圆满的结果，有时也会有不尽人意之处，因而使治疗停滞。这时，病人梦中往往会出现原型的特征。这种种均代表需要改变治疗方法，即改用合成-诠释法。后者尤其适合生命历程已步入后半阶段，关心道德、哲学或宗教问题的人。

荣格式的治疗，即我们所熟知的合成-诠释疗法，与弗洛伊德的精神分析有很大差异。和阿德勒的方式一样，病人不再躺在软榻上，而是坐在椅子上，面对治疗师。治疗初期，每星期安排以一小时为单位的会谈两次，并尽快进入每星期一次的阶段。病人必须完成某些功课，并阅读指定的文献。简言之，他必须积极地与治疗师配合。荣格提到，这种疗法的好处是可以避免病人陷入婴儿式的退行中，而且也不致与其置身的环境疏离，治疗所需的费用也较不昂贵。同时，治疗师也较有余力去处理更多的病人。治疗的重点放在目前生活的处境，并且立即要病人将其在治疗过程中获得的内省能力运用在生活中。荣格对于"移情"的看法与弗洛伊德大不相同。荣格认为，在精神分析中所发生的明显正向或负向移情是人为的产物，只会无谓地延误治疗时机，甚至危及整个治疗。弗洛伊德所称的移情性神经症，对荣格而言，不过是病人意图去扭转其对现实的错误态度的绝望尝试，也代表治疗师缺乏技巧。这种移情对病人无异于一种恶化的束缚。此外，它还会将双方带入险境，治疗师也有"感染"类似于神经症的危险。移情不仅具有情欲的色彩，还糅合了控制、权力及恐惧。①对荣格而言，他所能接受的移情，程度必须非常轻微，甚至不被察觉。治疗必须是病人与治疗师互相合作的过程，也要双方互相面对彼此的感情。唯有通过此种方式，心理治疗的过程才能通过荣格所谓"超越功能"的

---

① 很凑巧地，让内在1896年的论文中便说过完全一样的东西。

作用而有所进展。①

"超越功能"就是由意识与无意识引导向"个体化"的渐进性合成作用。虽然意识与无意识的生活很少完全同步，但如果二者出现了嫌隙，对病人是异常危险之事，因为会形成无意识的强烈对立，因而造成严重的困扰。治疗师必须协助病人去面对意识与无意识，使其达到"合成"的目的。当无意识的内涵物太弱或被压抑得太过严重，治疗师则会帮忙将之诱导出来；之后，他将协助病人去面对这些无意识内涵物与意识层面的自我及日常生活状态之间的冲突。

一个人要如何使无意识的内容呈现出来？这需要某种特殊训练，内容主要包括：梦、自发性幻想、自由作画等技巧的使用。一些研究梦的人，比如哈维·德·圣丹尼就知道如何去激发出频繁而大量的梦境：他教人在梦初醒时记录梦境，并用笔将之绘出。相同的方法也可应用在清醒时的自发幻想中，或在无特定主题下作画。此外，捏塑陶土或自动性书写，也可达到同样的目的。

---

① C. G. Jung, "Die transzendente Funktion," in *Geist und Werk* (Zurich: Rhein-Verlag, 1958), Eng. trans., *Collected Works* (New York: Pantheon Books, 1960).

在荣格的治疗中，梦仍是通往无意识最重要的途径。纵使当今许多弗洛伊德学派的精神分析师已不再分析病人的梦，但在荣格式的治疗中，这仍是极为重要、不可省略的步骤。荣格有关于梦的概念及治疗方式的应用，在各方面均与弗洛伊德的理论迥异。尽管弗洛伊德坚持每个梦都是被压抑的欲望（通常是婴儿期性欲）的实现，荣格却强调梦的功能是多样性的。梦能表达恐惧和欲望；能如明镜般忠实反映梦者的实际处境；也有预知未来的梦（比如阿德勒和玛伊德所描述的）；有些梦具有创造性，有些则是警告或是超心理学的信息。弗洛伊德将梦的内容分为显意及隐意，荣格对此并不苟同，他坚持"显意"就是梦的本身。由弗洛伊德的技巧而获得的"联结"，指向的其实是病人目前的"情结"。这些情结同样也可通过其他联结而被发现，无须借用潜抑或"监督者"（censor）的概念，梦象征的意义就可以被理解了。梦的解析者如果不熟悉梦者的生活及实际处境，未具备对象征符号的意义的理解，以及神话及宗教史的丰富知识，就无法去解析梦。在荣格对梦的解析中有个基本特征是强调梦的系列性：唯有结合先前的或后来的，甚至整组的梦境，才能充分了解一个梦的含义。弗洛伊德应用自由联想的方式去分析梦，荣格则使用"放大"的方法。这意味着需要检验心像所有的含义。有许多心像是与病人过去或现在的经验息息相关的。其他的心像则有可能是在阐释梦中的原型。带有原型的梦有特别重要的地位，必须仔细地循序研究，因为它们是迈向"个体化"路径上的里程碑。

类似的解析法也可以被用来分析其他通过无意识获得的数据中，尤其是自发幻想及画作。在评析画作时，不论是内容还是表达形式都不该被过度重视（例如，病人绝不应觉得自己是位艺术家）。绘画法的目的不仅在于获得无意识内容，同时也在于控制它。当一个病人深受某一呈现物之苦时，荣格就会鼓励他将其画出，使它逐渐不令人害怕，最后能完全掌控它。

现在，我们将简洁地勾勒出"合成-诠释疗法"的各个阶段。

首先，让我们提醒自己，荣格仅在尝试其他方法失败后，以及能获得完整病史的情况下，才会使用无意识的分析。第一个梦经常是异常清晰的，而且有时候可以预测治疗的预后。在第一阶段，治疗师必须处理的是假面及阴影。病人梦见某个令人厌恶的人。后者似乎时时在改变，但有些特色是持久不变的，此外，他还具备病人自身的某些人格特质。最后，病人终究会了解，那令人厌恶之人就是自己，或说是自己的阴影。这迫使病人去察觉自己不愿面对的某些人格面向。一旦他充分察觉了自己的阴影,就必须去同化它。虽然一个人无法断绝与阴影的关系,但无疑,荣格并不认为现在病人需要公开且有意识地去做自己在未察觉阴影的状态下所做的事。当然,一个人必须接纳其(自身的)"阴影",但同时也必须减少"阴影"的伤害性。流传在荣格圈子中的一个故事足以说明这个过程,那是关于亚西济的圣芳济各与古比奥之狼的故事。① 古比欧的居民深受一匹狼之害,因而向圣芳济求援。他找到了狼,但并不杀它,而是和它谈话。狼自愿随圣芳济到城中,在那里得到庇护,终生不再害人。

在治疗的第二阶段,"阿尼玛"与"阿尼姆斯"的问题会自动呈现出来。某个男性个案一开始会常梦见某个女性。她以不同面貌或心情出现,可以是甜美迷人、特异而引人注目的,有时又颇具威胁感。病人看出这些不同形象之间有共同之处,最后他终于了解,"她"不过是自己的"阿尼玛"。此时,治疗的讨论重点落在"阿尼玛"之上。病人必须了解,自己多少总是会将"阿尼玛"投射在和他交往的女

---

① 目前,我们无法得知这样的比较是出自荣格本人还是其学生之口。

性身上。他现在要练习的是如何去看待周围的女性，而不被"阿尼玛"的投射所干扰。对于女性病人，"阿尼姆斯"的问题也以相似的方法得到解决。一旦"阿尼玛"与"阿尼姆斯"的问题得到解决，病人的感情生活及社交关系便再也不受这两个因素的困扰。套用荣格的术语，此时的"阿尼玛"和"阿尼姆斯"就仅是某种"心理功能"了。

在荣格治疗的第三阶段，"智慧老人"和"伟大母亲"成为最需要立即处理的议题。原型的心像出现在梦境、幻想与绘画中。危险仍需避免：病人可能将智慧老人的原型投射在治疗师身上，他也可能因对其认同而导致自信心过度膨胀。

因此，荣格式的治疗有三个主要阶段，分别是阴影与假面、阿尼玛与阿尼姆斯、智慧老人和伟大母亲。然而，事情并非如此简单，因为在治疗过程中，许多其他原型会在不同的治疗阶段中出现，需加以个别处理。治疗师的任务在于协助原型出现，但又必须防范它们有过强的影响。每一种新的原型必须被解析及被意识层面的心灵所同化，病人还必须将所学运用在日常生活中。玛伊德曾经强调，在某些个案中，当扮演拯救者的原型出现，治疗的步伐就会加速，这样的拯救者可以被视为另一种智慧老人原型。①

一般而言，荣格的心理治疗整个疗程平均需要三年的时间。经验显示，虽然治疗的次数和频率可以减少，但总时间无法缩减。前文已经说过，个体化的进展可以用某一种特殊原型心像的出现为标志，尤其是"曼陀罗"或"四位一体"，有时候则是"圣童"原型。治疗的目标在于促成个体化的进一步完成，这意味着个人已体现了那古老的格言——成为你自己。有时候，这一格言被认为出自尼采，但事实上是源自希腊诗人品达。

荣格的"合成-诠释疗法"并不是一种轻而易举的方法。有时候，病人会发现自己淹没于无意识涌出的素材中。有时候，面对原型也是极为可怕的经验，个体必须不断努力，才不致与现实脱离。这也就是荣格式的自我分析危险的原因，每个人都应事先得到如此的警示。

我们也发现，荣格的治疗方法还包括了再教育。尽管弗洛伊德谆谆告诫，分析师不应该努力地去"再教育"病人。但荣格坚持无论治疗如何进行，病人自始至终都需要被协助。病人的每一个领悟，都必须即刻被转译为日常生活的合

---

① Alphonse Maeder, *La Personne du médecin, un agent psychothérapeutique* (Neuchatel: Delachaux et Niestlé, 1953).

理行为。再教育的最基本原则是，教导病人如何停止将自己的问题投射到周围环境中的人身上。荣格将"神经症"定义为一个"社交关系的病态系统"，可以说这与让内和阿德勒的概念相互呼应。①神经症患者由于投射的缘故，无意识地操纵了身旁的人（配偶、双亲、子女和朋友），使他们相互对立，从而很快令自己陷入某种绵密的阴谋网络，于是自己与周边的人都成为牺牲者。解决并澄清这些难题，是心理治疗的最终目标之一。

荣格的治疗有一极大特色，就是特别强调现今所谓的反移情。荣格宣称，曾身临其境的人才有能力去引导其他人。一般认为，训练分析师的原则是荣格引入的，这也是他对弗洛伊德式分析的贡献之一。在治疗师完成分析训练后，自己仍需时时刻刻审视自己的无意识，比如对自己的梦进行分析。

---

① C. G. Jung, "Was ist Psychotherapie," *Schweizerische Aerztezeitung für Standesfragen* (1935), Eng. trans., *Collected Works* (New York: Pantheon Books, 1954).

荣格的学术成就之七：东方与西方的智慧

至此，我们对荣格的心理学与心理治疗，已有大致的了解。但其作品的视野要比此开阔得多。一开始，荣格便将人类的历史、民族的心理学、当代的问题、艺术与文学纳入了思考。在晚年，他越来越关心东方与西方的传统教谕与圣典之间的相互冲击、"共时性"原则问题及宗教问题。

荣格在1914年至1920年间，深深沉溺于诺斯底教义之中。他认为他们不仅是相信，而且是知道无意识的存在，从而对无意识的探索有所学习。他们也与荣格一样，总是持续在思考关于恶的问题。1937年，荣格以原型假说去解释帕诺波利斯的佐西莫斯所看见的种种影像。佐西莫斯是3世纪的诺斯底教徒，代表诺斯底教与炼金术之间的转变。①

对于研究文化的历史学者而言，炼金术一直是个谜。从古老的希腊和罗马时代起至18世纪，众多饱学之士将一生的青春奉献给这门科学。这些研究暗示着，物质会遵循明确的原则进行质变。科学史学者马塞兰·贝特洛（法国化学家）认为炼金术是种半理性、半神秘的另类科学，是对客观事实

---

① C. G. Jung, "Einige Bemerkungen zu den Visionen des Zosimos," *Eranos-Jahrbuch*, V (1937).

的错误解释。①西尔贝雷可能是首位意识到炼金术中具有一系列象征在运作着，因而可以对其进行心理学解释的人。在18世纪的某一炼金术论文中，西尔贝雷发现了谋杀父亲、婴儿期性理论以及其他的象征意义。②接着，荣格从炼金术士的一系列操作中看到了"个体化"过程的投射。如同荣格的病人通过画作而将梦与幻想具体化，炼金术士则是借助伪化学的操作使自己的"个体化"过程被具体地呈现出来。荣格补充说，这也是为什么为数不少的幻影（visions）会出现在炼金术士的记录中。随着时间的推移，荣格对炼金术兴趣与日俱增，并且投入可观的时间与精力去解码，或从心理学的角度去解释古老炼金术论文中的种种象征意义。③

荣格的兴趣也转向占星术及其各种象征之上。他并不相信星座对人的命运有决定性影响，但我们稍后会看到，他并不排斥二者可能有"共时性"的关系存在。

---

① M. Berthelot, *Les Origines de l'alchimie* (Paris: Steinheil, 1885).

② Herbert Silberer, *Probleme der Mystik und ihrer Symbolik* (Vienna: H. Heller, 1914).

③ C. G. Jung, "Die Erlungsvorstellungen in der Alchemie," *Eranos-Jahrbuch*, IV (1936), *Psychologie und Alchemie* (Zurich: Rascher, 1944), *Die Psychologie der Uebertragung* (Zurich: Rascher, 1946), *Symbolik des Geistes* (Zurich: Rascher, 1948), *Gestaltungen des Unbewussten* (Zurich: Rascher, 1950), *Mysterium Conjunctionis*, 2 vols. (Zurich: 1955-1956), Eng. trans., *Complete Works* (New York: Pantheon Books).

第二次世界大战期间，瑞士兴起了一股对著名的神秘主义医师兼哲学家帕拉塞尔苏斯的兴趣。荣格认为，他是无意识心理学和心理治疗的开路先锋。但显然，荣格对帕拉塞尔苏斯个人的兴趣远胜过对他的论述的兴趣。"对儿童而言，没有任何事会比其双亲不存在的岁月对其更具有深远的影响力。"荣格写下了这样的脚注。荣格也发现，帕拉塞尔苏斯是"生命的转折点"的绝佳例证：帕拉塞尔苏斯的哲学观在他38岁后完全转向。①

荣格早年对宗教历史所产生的兴趣导致其对东方的经书进行钻研，其中之一是1927年被译为英文的《西藏度亡经》。②荣格对此投注特别的兴趣，并为德文译本写了绪论。

《西藏度亡经》描述灵魂在死亡与"投胎转世"之间所经历的事。此书可以预知灵魂如何到达最终的光明之境而避开"轮回之苦"。死亡预兆之历程，称为"中阴得度"，可分为三个阶段。③首先，灵魂会经历一段

---

① C. G. Jung, *Paracelsica* (Zurich: Rascher, 1942).

② W. Y. Evans-Wentz, *The Tibetan Book of the Dead, or the After Death Experiences on the Bardo Plain, According to Lama Kazi Tawa Sandup's English Rendering* (London: Oxford University Press, 1927).

③ 藏语的"Bardo"表示中间状态，"Thödol"则指聆听以得解脱，英文译为"Thotrol"。

短暂的睡眠或意识蒙眬状态，并没察觉到自身的死亡。随后醒来，并伴随第一拨的种种幻影。此刻，受启蒙的灵魂能直接进入极乐世界。但是，若灵魂错失了良机，将继续会有幻影与幻觉，而产生自己仍拥有血肉之躯的妄想。灵魂会相信自己仍可见到他人、诸神及幻想般的生物。但是，灵魂终究会清楚地察觉这些不过是自己心灵所制造的产物。这些幻影无止境地转变，当灵魂逐步退至意识的较底层，幻影也渐行消退。当灵魂抵达了第三阶段，会看到男女交合的幻影。假如预定投胎为男性，灵魂会感觉自己就是男性，会对父亲产生强烈的恨意而被激怒，对母亲则充满嫉妒与欲望，灵魂会走到父母亲之间，然后进入转世阶段。若注定生而为女性，灵魂的情感反应正好相反，会憎恨母亲而爱恋父亲。①

《西藏度亡经》佚名作者们的心理学知识及对投射现象的理解，着实令荣格十分惊异。"中阴得度"的历程恰似"个体化"过程的逆转，这事实也震惊了荣格。

荣格的朋友，汉学家卫礼贤翻译了一本中国古书《金花

---

① *Das Tibetanische Totenbuch*, Louise Göpfert-March, trans., with a psychological commentary by C. G. Jung (Zurich: Rascher, 1935).

的秘密》。①荣格于1929年以心理学视角为此书发表了一篇评论，作为该书的引言。在该书中，荣格看到了和他所描述的"自体"极为相似的说法，此外中国的种种象征物与其病人自发产生的象征物，也极为相似。同时，他还发现中国的象征符号与某些基督教神秘主义者的及炼金术士的象征符号有相似之处。

卫礼贤也将另一部中国古书《易经》译为德文。此书记载借助小棍棒或一枚钱币以获得神谕的方法。据说，这种启示会切中在那一刻诉诸此法的当事人。卫礼贤曾求教于一位中国大师而习得该法。荣格对于这种神奇公式所具的象征特质，尤其是《易经》中的所有定理深感兴趣。《易经》基于如下假设：某瞬间发生之事，必定具有该时刻特有的特质。②这是荣格关于"共时性"概念的滥觞之一。

尽管"禅宗"的方法与西方所信的相关说法大相径庭，荣格却指出"禅宗"有某些类似西方神秘主义经验的例证。③虽说荣格一再提醒不要低估了这些教谕的智慧，但他

---

① Richard Wilhelm, *Das Geheimnis der goldenen Blüte*, with a commentary by C. G. Jung (Munich: Dorn, 1929).
② 荣格为德文版《易经》的英文译本写了前言：*The I Ching, or Book of Changes*. Carry F. Baynes, trans. (New York: Pantheon Books, 1950).
③ 荣格为铃木大拙的书写序：*Die grosse Befreiung* (Leipzig: Curt Weller, 1939).

也不鼓励西方人去尝试这些方法。

荣格同样着迷于"瑜伽",因此他从1931年至1933年间多次邀请德籍的印度裔学者豪尔和海因里希·齐默到苏黎世发表关于瑜伽的演讲。①虽然荣格不鼓励西方人去学习瑜伽,但是荣格认为去比较瑜伽与西方教谕,仍会获益匪浅。瑜伽所富含的象征性为集体潜意识象征提供了丰富的比较素材。如果将瑜伽视为某种训练系统,某些特定种类的训练其实在洛约拉的修行、舒兹的"自我训练"及弗洛伊德与荣格的动力心理疗法之中均可以找到相似之处。

在对一些东方教谕的评论中,尤其是在对《易经》的研究中,荣格提出了某种新概念——"共时性"。这是1952年才成熟的概念。②荣格将它描述为一种因果关联的原则,这样的法则早已深植于中国的传统思想中。此外,"共时性"还部分地杂糅了莱布尼兹"先在的谐和性"概念、叔本华的某些讲法,以及经常发生在我们身边的所谓"序列法则"（law of series）。荣格的注意力在此被"有意义的巧合"

---

① J. W. Hauer, *The Kundalini Yoga*, Bericht über das Seminar im psychologischen Klub, Zurich, pp.3-8. October 1932 (Zurich, 1933).

② C. G. Jung, "Synchronizität als ein Prinzip akausaler Zuzammenhänge," in C. G. Jung and W. Pauli, *Naturerklärung und Psyche* (Zurich: Rascher, 1952), Eng. trans., *Collected Works* (New York: Pantheon Books, 1960).

所吸引，一位女性病人的故事足以说明此点。对她的分析治疗因为她过度理性的"阿尼姆斯"而一直原地踏步。她曾梦见一只金色甲虫，当荣格正与她讨论该梦境时，一只活的甲虫撞上了窗玻璃，荣格拾起甲虫递给女病人，她非常深刻地感受到自己理性高墙的消融。荣格将这些现象及莱因所做的关于"超感官知觉"（extrasensory perception）的实验资料相互参照。虽然莱因指出情绪因素在"超感官知觉"发生时所扮演的角色，荣格却指出在"有意义的巧合"中隐含着某种"原型"存在。最后，荣格不得不倾向于认为，与严格的"因果决定论"有所差距的现代物理学，正逐步向"共时性"原则靠近。

在荣格年轻时所涉猎过的哲学家著作之中，尼采的著作自始至终均获得荣格的高度重视。他认为尼采逐渐在无意识中发展出"双重人格"，最终突然出现如火山爆发般难以计数的"原型"素材。这可以解释，为什么《查拉图斯特拉如是说》能获得如此庞大的读者群。从1934年春天至1939年冬季，荣格在每一学期均会有一堂关于《查拉图斯特拉如是说》的讨论课。这些演讲被结集成册存放在其机构内，那打字成稿的十部巨著无疑是对尼采那旷世之作最为详尽的评论。①

在荣格众多的兴趣中，有部分是关于当代艺术与文学的，虽然关于这部分的正式记录并不多。某次，毕加索的画作在苏黎世展出，荣格按年代顺序逐一检视，发现它们展示了极典型的心理演进历程。②毕加索的"蓝色时期"标志着"涅其亚"的开始，那是伴随一系列"退行"的死亡之域的旅程（由荣格心理学的观点解释）。他很好奇这位画家在灵魂之城冒险的结果将会是什么。

奇怪的是，当荣格应邀为乔伊斯的《尤利西斯》德译本的第三版写引言时，他竟然没发现这本书无疑是现代版的《奥德赛》，甚至其中也包括了"涅其亚"之旅。荣格被书中表面上看似无意义的内容所迷惑了。其内文像绦虫般的冗长，荣格甚至觉得此小说倒过来看与从头阅读的结果一样。这些评论被发表在某本杂志上③，而且惹恼了乔伊斯。④不幸

---

① C. G. Jung, *Psychological Analysis of Nietzsche's Zarathustra*. Notes on the seminar given by Dr. C. G. Jung, Zurich, 10 vols., 1934-1939, plus an index compiled by Mary Briner. (Typescript.)

② C. G. Jung, "Picasso," *Neue Zürcher Zeitung, Reprinted in Wirklichkeit der Seele* (Zurich: Rascher, 1934).

③ C. G. Jung, "Ulysses. Ein Monolog," *Europäische Revue*, VIII (II) (1932), Eng. trans., "Ulysses: A Monologue," *Nimbus*, II, No. 1 (June-August, 1953).

④ Richard Ellmann, *James Joyce* (London: Oxford University Press, 1959).

的是，这是荣格唯一发表的文学评论。他经常在其演讲中引述英文、法文或德文小说，说明小说中包含的符合其学说的例子。

在荣格的文章中，尤其是在对讨论会的记录中，我们可以发现分散在各处的历史哲学观点。这些观点均围绕着一个中心主题，即人类一直处于缓慢进行的"集体个体化"（collective individuation）过程中。荣格将精神的"传染病"视为"原型"大量复活的结果，而"希特勒主义"是沃坦"原型"的重现。沃坦是古德国的神祇，掌管暴风、战争、预知者的感召力以及神秘科学。[1]荣格将独裁者分为两种："领袖型"（比如墨索里尼）及"先知型"（比如希特勒）。"先知型"的独裁者能洞悉其追随者无意识中微弱的力量，进而以"救世主"之姿领导他们。[2]在一本谈及飞碟的小书中，荣格认为这些现象是否是物理实体并不重要，因为对于深信飞碟存在的人而言，这些都是"精神实体"。飞碟是两个无法相通的世界之间的一种媒介的原型象征，它们

---

[1] C. G. Jung, "Wotan," *Neue Schweizer Rundschau* (1935-1936), Eng. trans., "Wotan," *Essays on Contemporary Events* (London: Kegan Paul, 1947).

[2] C. G. Jung, "Psychology of Dictatorship," *The Observer*, "Diagnosing the Dictators," *Hearst's International Journal Cosmopolitan*, CVI (January 1939).

源于惧怕人类集体毁灭的一种神话。①对荣格而言，威胁着人类的最大危机莫过于，因教育而养成的以追求个体完美化为目标的具体民主主义心态，被群众心态所取代。

曾经在荣格晚年拜访过他的人都记得，他的谈话混杂着高深的心理学概念和实用智慧，从而呈现出独一无二的风格。他强调"察觉"意义的重要性，它不只是治疗的利器，也是一种伦理的原则。"未察觉便是最大的罪"②是他的座右铭之一。据荣格所言，许多神经官能症皆源于"未察觉"，其他的则源于逃避个人生活的责任。逃避上学的小孩、常年留级的青少年、未履行公民义务的成年人，以及一直想像年轻人那样过日子的老年人皆属于此类。只要夫妻不会将各自的"阿尼玛"和"阿尼姆斯"投射至对方身上，婚姻便是保持夫妻双方情绪健康的因素之一。婚姻的功能之一是促进配偶双方的"个体化"。另一个决定情绪稳定度的因素是个人的社会整合程度：每一个人都需要拥有自己的房屋和花园并成为市镇活跃的一分子，延续家族的传统和文化，遵从所信仰的宗教的要求。尽管东西方通向个体化的道路不

---

① C. G. Jung, *Ein moderner Mythus. Von Dingen, die am Himmel gesehen werden* (Zurich: Rascher, 1958), Eng. trans., *Flying Saucers: A Modern Myth of Things Seen in the Skies* (New York: Harcourt Brace, 1959).

② *Unbewusstheit ist die grösste Sünde.*

尽相同，但它们指向相同的目标：一个人愈是能变成"他应有的样子"，他愈能成为一个真正的社会人。

荣格的学术成就之八：宗教心理学

荣格从他青少年时期遭遇宗教危机的时候开始，便从未停止对宗教的高度关注。在他早年的文章中，我们可以发现散落在字里行间对既有宗教表示怀疑的论调。看来在1913年至1918年间，他所经历的"无意识之旅"改变了他的态度。他赋予原型某种神圣的特质，并开始提到宗教的自然功能。

如同其他经常发生在动力精神医学史的历史事件一样，当时出版的一本著作让荣格的思维有了新的发展方向。1917年，鲁道夫·奥托的《神圣的概念》问世，引起强烈反响，并被认为对宗教心理学有极大贡献。①奥托试图从所有宗教中识别出共通而基本的经验，并将"神圣"形容为一种界定清楚、复杂而猛烈的特殊经验。"神圣"会即刻唤起一种"被创造的感觉"，那不单纯是一种依赖，而是生物在面对造物者时的一种"空无"状态。上帝存在的体验就是

---

① Rudolf Otto, *Das Heilige* (Breslau: Trewendt und Granier, 1917).

极大的奥秘,即面对不可企及的"存有"(Being)——活生生的能量及完全非我(totally other)——所产生的敬畏和战栗感。但相对于"极大","神圣"同时被体验为某种沉浸(Fascinans),是一种引人注目、充满福佑的提升感。对"神圣"的感受也如同面对一种无可超越的价值,是从内在油然而生的绝对尊敬及服从。

荣格接收了"神圣"这一名词,但扩大了其含义。奥托认为"神圣"是先知、神秘主义者、宗教创立者的独特经验;荣格则赋予原型经验一种"神圣"的特质。但这仍意味着"神圣"经验的全部特质中,只有部分(如奥托所述)会伴随"原型"出现。荣格将原型置于宗教经验的起始点,由这些经验衍生出了宗教仪式与教义。以荣格的观点而言,许多根本的宗教经验并不必然会表现在既有的宗教中。

这足以解释荣格最钟爱的主张之一:人天生具有宗教性。荣格说,人的"宗教功能"就如性或攻击本能般强大。这就是为什么某些人只因为单纯地回归他们所信仰的宗教,便能从神经症中解脱。荣格更补充说,这也足以说明有宗教信仰的长者,为什么心理较为健康。无独有偶,新精神分析派分析师舒尔茨·亨克虽然与荣格素未谋面,也坚定地宣称他在无宗教信仰者中仍可发现宗教感。①

虽然我们不知道荣格所称的"宗教"范围到底有多广，但是在他所称的具有宗教感的人中，可能包括了那些不奉行仪式的信徒、有宗教之心而不自觉者，甚至包括那些在意识层面反宗教但在某些情境下成为"原型"宗教经验主体的人。荣格的结论更为极端："我所有的患者中，凡其人生已到后半阶段的，没有一个面临的最主要问题不是宗教。"

宗教的原型有时会以"未经媒介的宗教经验"的形式呈现，此经验能改变一个人的一生并因此影响历史。例如，扫罗在去大马士革的路上看见幻影，使其成为一名基督徒，也就是伟大的使徒圣·保罗。另一个令人印象深刻的"未经媒介的宗教经验"的例子发生在瑞士神秘学家尼古拉斯·冯·德·弗吕身上。②他是富裕且地位显赫的公民，却抛弃家庭及世俗利益，在施坦斯成为一名隐士。人们经常寻求他的谕示。有一次，他看见神圣的三位一体的幻影，这令他感到非常害怕与敬畏，甚至改变了自己的容貌，变得极为

---

① Harald Schultz-Hencke, "Das religiöse Erleben des Atheisten," *Psyche*, IV (1950-1951).

② C. G. Jung, "Bruder Klaus," *Neue Schweizer Rundschau*, I (1933), "Brother Klaus," *Psychology and Religion: West and East, Collected Works* (1958).

骇人。他花费极长的一段时间沉思此经验，并将自己见到的影像以不同的形式画出，直到自己能与之同化为止。1481年，瑞士诸州处在内战边缘，弗吕在史坦斯议会适时地介入调停，才使得联邦得以继续存在。

然而，我们需牢记的是，这类原型的出现不仅是一种骇人的经验，我们还必须正视其危险性。由正常的宗教经验起源的"原型"，也可以具体地表现在精神分裂症病人的宗教妄想中。

在众多原型中，与宗教关系最密切的就是"自体"的原型。荣格似乎有时候视这种原型为与上帝的宗教经验衔接的媒介。基于此观点，他甚至称其为"上帝原型"。虽然如此，荣格一向坚称自己是"经验论者"：人具有天生的宗教性并不足以证实宗教即真理，上帝原型的存在也不必然就证实上帝的存在。

荣格这种暧昧的态度使某些人深感困惑。1951年，当荣格的《自我与自性》（*Aion*，中文版已由世界图书出版公司出版）出版之后，①这样的感觉就更强烈了。在《自我与自性》一书中，他显然认为基督等同于"自体"的原型，而且

---

① C. G. Jung, *Aion, Researches into the Phenomenology of the Self. Collected Works* (New York: Pantheon Books, 1959).

全体人类正在进行着"集体个体化";基督在预定时刻便会现身,也就是当春季地球进入黄道十二宫的双鱼座时。1952年,荣格最受争议的书《答约伯》出版了。①此书的主题又回归到占据其整个年轻时代的难题——"恶"(evil)上。就如同之前的无数人一样,荣格不断沉思着,一个至善且全能的上帝怎会容许"恶"的发生——特别是损害及让清白和正义者痛苦。是上帝本身就兼具善良与邪恶的本质吗?荣格批判性地检视了《约伯记》(*Book of Job*)中所提供的答案。他对于上帝的诸多行为深表反感,例如上帝引诱"伊甸园"里的亚当掉入陷阱;命令亚伯拉罕牺牲自己的儿子;容许撒旦不断折磨乔布。由于乔布对于正义的概念高于上帝,上帝遂以其子转生为人来面对此挑战。因而,基督的牺牲可视为上帝为了自己对人类的不义之行所做的补偿。上帝结合"神圣的智慧"索菲娅——以圣母玛利亚形象重现的圣灵的女性部分——以达到将自己完美化的目的。基于该理由,荣格认为1950年"圣母升天日"的宣告,是自"宗教改革"以来最重要的宗教事件。

---

① C. G. Jung, *Antwort auf Hiob* (Zurich: Rascher, 1952). "Answer to Job," *Psychology and Religion: West and East, Collected Works* (New York: Pantheon Books, 1959).

荣格的《答约伯》使某些追随者感到惊骇并激怒了他们，因而引发了激烈的争辩。有的人赋予其心理学的阐释，推测荣格不过在单纯地叙述人自己创造出的上帝形象的演进历程而已。有人则认为荣格以新诺斯底教派的风格臆想出上帝的变形。此书也可被理解为是个体对存在痛苦的呐喊。他孤寂地寻找哲学上最大谜团——"恶"——的解答。

每当他被问及是否相信上帝的存在时，荣格从不正面回答。有时候他会神秘地谈到"老人"，他仿佛意有所指地视其为一种人类共通的存在，并强调借由与其联结，每个个体的集体无意识及原型都能得以相连。①最后，他终究更直接地表明了自己的立场：他明白那些被强加在每个人一生中种种奇怪、不可预测但充满意义的事件中，上帝之手扮演着某种角色。在最后几次与新闻记者的会谈中，他提到，上帝是在我们体内时时发声的良知，也是那些决定命运的神秘事件："我所习得的，引导我逐步地坚信上帝的存在……我不是因为宗教的信仰而承认其存在——我确知其存在。"②

---

① 韦尔斯和荣格的对谈，刊载于 *Neue Zürcher Zeitung*, November 18, 1928, No. 2116, Blatt 9。

② Interviews with Frederic Sands, *Daily Mail* (London), April 29, 1955.

对于死后生命的问题，荣格更是审慎地有所保留。对这方面的看法，只收录于他的自传中。他说，对一个思想家而言，揭露其思考的私密通道，就像要一位受人敬重的淑女侃侃而谈她的情欲生活般困难。不知有多少思想家在死前焚毁了自己未出版的手稿，比如柏格森就严禁后人出版自己的遗著。当然，荣格并未佯装自己已有一个确定的答案；然而，他承认探询解决之道是人之常情。但一个人如何在这错综复杂的世界里找到自己的方向？荣格考虑过许多假说。一个充满喜悦的灵魂和无痛苦的世界，对荣格而言是极不可能存在的，因为宇宙基本上是合一的，在另一个世界中必定有更多的愤怒与痛苦，那必定是一个夸张且恐怖的世界，但如同在尘世中一样，其间也必定有某种进化过程存在。虽说荣格并未找到多少支持转世的论据，但无论如何，我们个别人的生命必定是一条长链中的一环，也许和我们的祖先有所联结。也许我们在尘世的生命就是对他们提出的问题的解答，或者是要去完成由空无分配给我们的任务。或者，一个世代的生命不过是某种原型的转世（换言之，是一个永恒"自体"的一种暂时投射）。荣格认为，生者与死者之间的沟通是存在的。费希纳曾清楚地表达类似的概念，弗雷德里克·凡·伊登也曾以有趣的论点为此辩护。①那就是,当一位死者出现在一个人的梦中,而且栩栩如生时,这个人就是与死者相对应的真实灵魂。然而,当荣格分析在其人生某些阶段曾出现过的这类梦境时,却发觉它们有共通的特征:死者其实不是在教导与启示我们,他们反而需要我们,向我们发问。因为他们生活于时空之外,所以必须寻求那些仍存在于当下时空者的协助。但上述种种只不过是臆测。主要的问题在于,个人是否认为生命是无穷尽的。②不管是谁,只要达到了这样的阶段,并且完成了个体化过程,就不会再畏惧死亡,也不会再为许多尘世的事操心。

---

① Frederik van Eeden, "A Study of Dreams," *Proceedings of the Society for Psychical Research*, LXVII, No. 26 (1913).
② Bist Du auf Unendliches bezogen? 直译是:你和无限有所接触吗?

第六章 荣格的思想源流

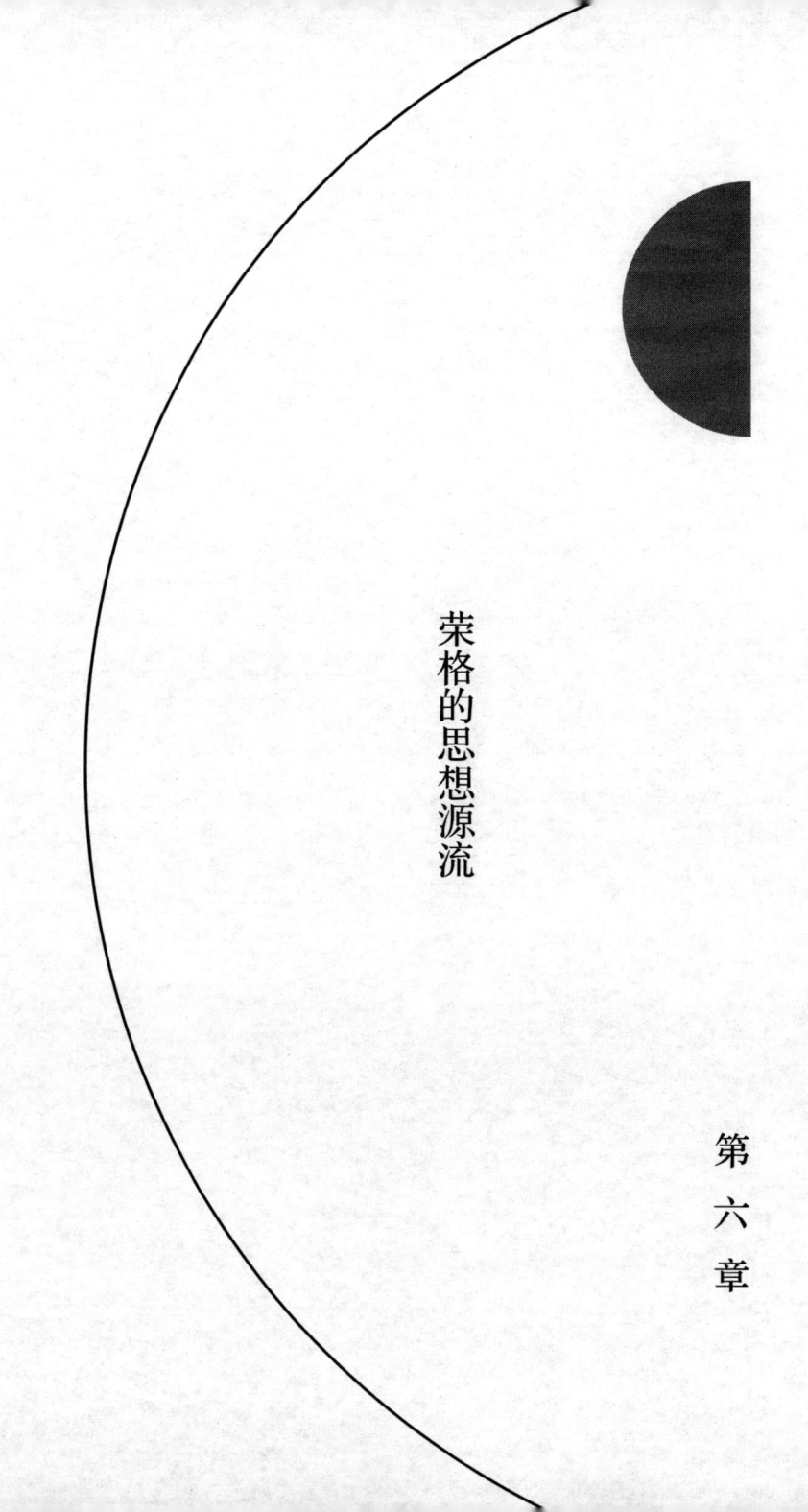

第六章 荣格的思想源流

荣格的人格、家庭及民族背景是其思想最直接的源流。他是一位务实者，对现实的物质世界适应良好，同时他也对精神世界呈现出敏锐的感受力。这种现实与精神的对比常在他的教学及治疗中出现。他的瑞士背景使他具有务实的倾向，他会先带领病人回到"察觉"的状态，然后再协助他们尽可能重新适应社会及传统的生活环境。另一方面，荣格在心理直观方面的天赋，及其对超心理学经验的癖好，足以解释他的教谕与疗法的另一面：对于集体无意识及"原型"世界的探索。

身为新教牧师之子，而且数位亲戚均担任神职，荣格对宗教问题极为熟稔。他青少年时期所遭遇的宗教危机也极大地影响了他日后的生涯。他认为，自己的思想背景中有一部分得益于他对新教神学者的思想很熟悉（例如，我们先前已提及的阿尔布雷克特·里敕尔及鲁道夫·奥托），或许也得益于"灵魂疗愈"原则。他对于医学、古典语言及宗教史的兴趣，也是其家族传统的一部分。除此之外，还有巴塞尔的人道主义传统，州内的学者既博学又颇具想象力（例如巴霍芬，荣格与他有许多类似之处）。

荣格跟同时代的知识分子一样，熟悉希腊和拉丁的经典作品。因此，他在探索潜意识时，自然而然地将其比喻为尤利西斯和埃涅阿斯的死者之域。他自然也熟知歌德，而且和弗洛伊德一样，几乎不放过任何可以引述《浮士德》的机会。我们也已提过，席勒是荣格"心理类型"概念的主要来源之一。

荣格接受精神医学训练时，正值后者彻底转型的时期。他的思想导师是布洛伊勒、让内、比内和弗罗诺伊。布洛伊勒主要关注的方向是了解病人，并建立情绪支持的医患关系，他是那个年代众多努力尝试将精神医学"再心理学化"的最热忱者之一。至于让内，荣格曾在巴黎上了他一个学期的课，他对荣格的影响不可忽视。从让内那里，荣格学得了心理自动现象、双重人格、心理的力量及弱点、合成功能及下意识固着意念等（后来荣格认为这等同于齐恩的"情结"及弗洛伊德的"创伤记忆"）。荣格从让内那里学习到歇斯底里症及精神衰弱症这两种基本的神经症的区别（荣格将这两种病区分为"外向型歇斯底里"及"内向型精神分裂"，以取代原有的分类）。虽说荣格并未引用比内关于两种智力类型的观点，但他在人格交替（转变）的议题上引述了比内的著作。当他描述"内向"及"外向"两种类型时，要说他丝毫没有运用来自比内的灵感，几乎是不可能的。荣格对弗罗诺伊所给的协助与灵感，也给予了适度推崇。如果不是因为弗罗诺伊对海伦·史密斯所做的研究，荣格就不可能将他那位年轻的巴塞尔灵媒研究得如此透彻。荣格之所以对"隐性记忆"现象产生兴趣，也是因为弗罗诺伊。

在精神分析方面，荣格接受了弗洛伊德以"自由联想"来探索潜意识的新方式；弗洛伊德的梦可以被解析而运用于心理治疗的看法；童年及与双亲的早年关系会造成长远影响的观点。可以肯定的是，虽然日后荣格用自己的方法取代了弗洛伊德这三项伟大的创新之举，但从弗洛伊德那里接受的观念，仍是其决定性驱力的源头。但另一方面，荣格从未同意弗洛伊德的某些论点，如"性"在神经症中扮演的角色、性象征论及俄狄浦斯情结。

荣格再三肯定阿德勒的重要性，尤其是后者所认为的，"追求优越性的驱力可能是某些神经症的根源"。他认为阿德勒关于梦的理论足以提供解析某些梦的线索；他认为神经质的患者会倾向于操控他们的环境的说法也言之有理。治疗时，荣格和阿德勒一样，与病人相对而坐。荣格关于个人"社会年龄"与"社会责任"的看法，也与阿德勒"三个重大的生命任务"的概念有许多共同之处。最后，荣格将"治疗性的再教育"吸纳成为自身心理疗法的一部分。

在阿方索·玛伊德方面，荣格接受其关于梦的神秘功能理论，也给予了适当的赞许。①赫伯特·西尔贝雷也下了这样的结论："某些梦境是梦者象征性的自体再现。"他也是第一位关注到炼金术的象征意义的精神分析师。②

荣格的"无意识之旅"是启发其思维体系的主要动力。我们由其自传可知，荣格由其自身的实验，第一次获得了"阿尼玛""自体""个体化"及种种象征的初步构想。他从病人与文学中搜集到的集体无意识和原型，现在都已亲身体验过。他曾应用在自己身上的方法包括：积极的想象、梦的扩大、潜意识引导的作画。现在，他将这些系统化，成为治疗病人的方法。

荣格的阅读范围极广，涵盖了哲学家、神学家、神秘主义者、东方学专家、人种学家、小说家及诗人的作品。或许

---

① Alphonse Maeder, "Uber die Funktion des Traumes," *Jahrbuch für psychoanalytische und psychopathologische Forschungen*, IV (1912).

② Herbert Silberer, "Zur Symbolbildung," *Jahrbuch für psychoanalytische und psychopathologische Forschungen*, IV (1912).

他思想的最重要来源是浪漫主义哲学和自然哲学。莱布兰德认为，若无谢林的哲学，就没有荣格的体系。[1]罗丝·梅里奇发现费希特关于灵魂的概念和荣格的某些基本主张有些许对应。[2]同样的相似之处，也可见于荣格的心理学与冯·舒伯特的哲学之间。后者用哲学词汇表达之物，被霍夫曼作为其小说的哲学背景。[3]跟冯·舒伯特一样，霍夫曼描述在每一个体中均同时存有"个体灵魂"（同"自我"）以及与"世界灵"（同"自体"）活动有关的精神原则。个体有时候会察觉到"世界灵"的存在，这些时刻被冯·舒伯特称为"宇宙性时刻"，霍夫曼则称之为"崇高的状态"，这些例子可以发生在某些梦境、幻影、梦游性发作及精神病人的幻觉中。

我们惯于认为，卡鲁斯、叔本华、冯·哈特曼等这些伟大的无意识哲学家是荣格的思想先驱。然而，或许更值得注意的是另一位浪漫主义哲学家特罗克塞尔，他被遗忘

---

[1] W. Leibbrand, "Schellings Bedeutung für die moderne Medizin," *Atti del XIVe Congresso Internationale di Storia della Medicina*, Vol. II (Rome, 1954).

[2] Rose Mehlich, I. H. *Fichtes Seelenlehre und ihre Beziehung zur Gegenwart* (Zurich: Rascher, 1935).

[3] 保罗·苏赫尔对此已有很好的诠释：*Les Sources du merveilleux chez E. T. H. Hoffmann* (Paris: Alcan, 1912)。

了一个世纪后，最近才再度被世人忆起。特罗克塞尔将人的一生视为一系列精神变形。人格的中心并非我们习以为常的"自我"，而是特罗克塞尔所称的"Gemüt"或"Ich selbst"，精确地说，就是荣格所称的"自体"。特罗克塞尔视"Gemüt"为此生追寻的目标，也是死后生命及与上帝沟通的起点。梦中的世界是向人展示人类本质的启示，也是进步的一种方法。荣格关于"个体化"的概念也可从施莱尔马赫处觅得。施莱尔马赫强调个体的绝对独一性，每个个体都将被唤醒以呈现其原初的自我形象，而完成对这样的自我的了解才是真正的自由。

在众多的浪漫主义者中，克罗伊策特别值得一提；[①]荣格回忆自己曾热切地研读其著作。[②]在克罗伊策的著作中，荣格发掘到关于神话与对神话象征的诠释的丰富"矿藏"，也发现了关于神话及象征的一种特征概念。它们既非历史也非文学素材，而是介于抽象和生活之间的一种特殊实体，在人类心灵中存在，而且具有双重的象征功能；原始的民族将某些经验和知识编织为神话，而有禀赋者则能够抓住其意义

---

① Friedrich Creuzer, *Symbolik und Mythologie der alten Völker, besonders der Griechen* (Leipzig and Darmstadt: Leske, 1910).

② C. G. Jung, *Erinnerungen, Traüme, Gedanken* (Zurich: Rascher Verlag, 1962).

并进行诠释。

我们不清楚荣格是否熟识那些浪漫主义的精神医学者，例如莱尔、海因洛斯、埃德勒及诺曼，他们强调精神疾病的精神起源与发展；某些症状的象征意义及对精神病人进行心理治疗的可能性。但是我们可确知的是，他与克纳熟识，并知道其著名的女先知弗里德里克·豪费的故事，就某层面而言，她是赫莲娜·普莱斯威克进行种种灵媒活动所参考的模型。

尽管荣格极少引用巴霍芬的论述，但不表示他未熟读其作品。如同克罗伊策，巴霍芬是少数研究如何阐释象征意义的人。他告诉世人，"母系制"已被颠覆，取而代之的是"父权制"，并解释这样的记忆如何以象征的形式表达出来。如果用心理学的术语来说，所呈现的无疑是荣格所言的，带着被潜抑的女性灵魂的男性个体以及他的"阿尼玛"象征。至于尼采，荣格则大量引述其观点，有可能其"阴影"和"智慧老人"的概念都是来自尼采。

神秘主义者对荣格的思想有怎样的影响，此问题还未有定论。成为荣格思想直接来源的那些浪漫主义哲学家，自有其思想源头，包括诺斯底派教徒、炼金术士、帕拉塞尔苏斯、波依姆、斯韦登伯格、圣马丁、巴德和法布雷·德·奥利韦。这些人中，有些被荣格推崇为无意识心理学的先驱。

荣格似乎深受德国人种学家阿道夫·巴斯蒂纳的影响。巴斯蒂纳是一位博学多识、有着丰富旅行经验的多产作家。他发展出"基本思维"理论。①他认为"扩散理论"并无法充分解释世界各地为何会产生相同的仪式、神话及思想，而只能以人类心灵有共通的结构来说明。著名的意大利精神科医师坦茨基于这些构想去观察他的一些妄想病人的幻觉与妄想，以及许多原始民族的仪式与信仰，也得到相同的结论。②另一位德国民族学家莱奥·弗罗贝尼乌斯认为，人类看待世界的方法会经历连续的三阶段：最早出现的是动物主义，人类膜拜动物。农耕时期伊始，人们有了新的世界观，问题开始萦绕在死亡以及对死者的崇拜上。之后，太阳神时代来临，对太阳神的崇敬成为主流。人们相信死者的灵魂在地下的世界追随着太阳神，这样的信仰产生了难以计数的神话英雄。他们被怪兽吞食入腹，在怪兽腹中游历一段时间，最后逃

---

① Adolf Bastian, *Ethnische Elementargedanken in der Lehre vom Menschen* (Berlin, 1895).

② Eugenio Tanzi, "Il Folk-Lore nella Patologia Mentale," *Rivista di Filosofia Scientifica*, IX (1890).

出并获重生。①荣格在米勒小姐的无意识幻想中辨识出这样的神话元素，他与学生有时也在布戈泽利医院的病人身上发现类似的神话元素。②我们不禁要联想，这样的神话究竟对荣格自己的无意识之旅有多深远的影响。阿尔布雷克特·迪特里希的著作《大地之母》③似乎部分启发了荣格"伟大母亲"的构想及其象征。

亚洲文学到底有哪些部分是其思考的来源，实在难以下定论。荣格与理查德·威廉或海因里希·齐默等人的讨论可能比这些广泛阅读的影响力还大。

先前我们已提过，荣格受到小说的启发，如卡尔·施皮特勒的《意象》、阿尔韦斯·都德的《翻越阿尔卑斯山的塔尔塔兰》、赖德·哈格德的《她》和皮埃尔·伯努瓦的《亚特兰蒂斯》。另一位小说家，莱昂·都德则清楚表达出与荣格的心理学理论几乎雷同的想法。④

---

① Leo Frobenius, *Das Zeitalter des Sonnengottes* (Berlin: George Reiner, 1904).

② Jan Nelken, "Analytische Beobachtungen über Phantasien eines Schizophrenen." *Jahrbuch für psychoanalytische und psychopathologische Forschungen*, IV (1912).

③ Albrecht Dieterich, *Mutter Erde. Ein Versuch über Volksreligion* (Leipzig, 1905).

④ Léon Daudet, *L'Hérédo, essai sur le drame intérieur* (Paris: Nouvelle Librairie Nationale, 1917).

莱昂·都德主张人的主要驱力是去实践自己，去对抗负面的遗传影响，而获得内在自由的倾向。至于人的人格，都德认为其包含两部分——"自我"（moi）及"自体"（soi）。而人生的戏码就是这两者之间的争战。"自我"不只包含意识层面的人格及其感官知觉、记忆、情绪及一些模模糊糊的抱负，还包括一个无意识人格，其具有"发生本能""精神自动现象"及遗传影响的遗迹。相反地，"自体"是人类人格的真正本质，一种纯粹、原始而崭新的生命。所有创造性的冲动、重大的决定、理性、信仰的行动皆源于"自体"。

当"自我"主控了人格时，人格即失去其整合性，取而代之的是一些相互冲突的人格角色，这些不过是我们"祖先"的遗迹。有时候，人格会被突然冒出的一或多个"祖先"摧毁，"祖先"通过外在环境或自我酝酿的方式接管了个体。起初，个体可能将之认为是一种颇有裨益的影响，但最终身受其害。如此被"祖先"掌控的个体，都德称之为"祖传者"；他焦躁不安、冲动而且阴郁。被"自体"主控的人，是平静而平衡的、具有洞察力及道德勇气。真正拥有"自体"能促使一个人成为英雄或极富创造力的天才。因此，人类一生的主要目的是去克服"自我"及那些无法抑制的祖传冲动，以及去发掘及实现"自体"。这应该成为都德所称的"后设心理学"这一新兴科学的目标。

许多人过着浑然不知有"自体"存在的生活，甚至在生命的晚期或死亡的刹那才发现它的存在。有些时刻特别有利于"自体"的涌现：在7岁至青春期阶段；刚过20岁时；特别是在35岁至40岁的这段时期，以及当个人在选择下半辈子仍是"祖传者"或要成就"自体"之时。都德认为，长寿取决于"自体"的"系统化强化"。成功婚姻的关键在于配偶双方各自达成"自体"的程度。"自体"是人格适应社会化的部分，然而被自我所掌控，则是破坏人类关系的乱源。

都德所称的"想象"是"自体"的功能之一。借此，个人得以察觉到自己遗传自"祖先"的身心特性，因而能摒弃有害的部分，单单保留传自智慧祖先的心像作为自己的模范。都德补充说，精神疾病是某些"祖先"控制了个体所带来的巨大变动所致。因此，"人的生与死皆伴随着其心像"。都德的结论是，"后设心理学"之用途将无法限量。

当一个人阅读《祖传者》及其续作《心像的世界》时，①便犹如在钻研某个发展完备的动力精神医学体系一般，所缺的仅是实际的心理治疗而已。此书究竟对荣格有多少启迪，我们无从得知。但荣格确实读过它，因为他至少在某一场合引用过《祖传者》。②

---

① Léon Daudet, Le Monde des images. *Suite de "L'Héréo"* (Paris: Nouvelle Librairie Nationale, 1919).

② C. G. Jung, *The Interpretation of Visions* (unpublished seminars) (Winter 1934).

荣格的影响

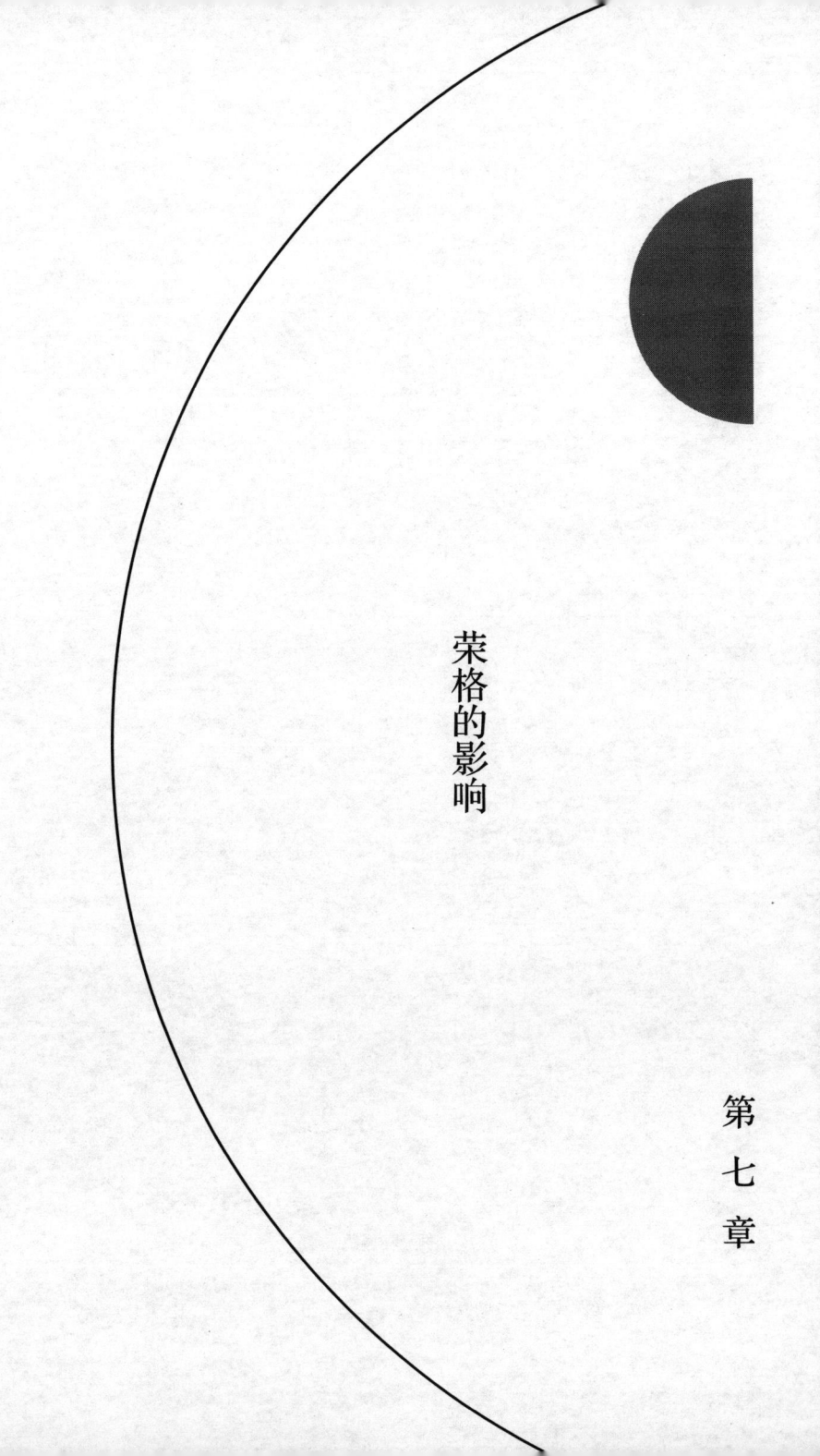

第七章

第七章 荣格的影响

荣格的影响力在于他的人格、学说及其学派等方面。起初，这种影响力局限于精神医学和心理治疗界，20世纪20年代之后，又遍及宗教界及文化史学界。此后，他又进一步吸引了社会学者、经济学者以及政治科学研究者的注意力。

荣格首度为世人所知，是因为他对"词语联结测验"的研究。这是一种早已发展成型的测验，不过他首次将之运用在投射测验上。此测验成为瑞士精神科医院每日常规的一部分，也成为罗夏测验及其他测验发展的诱因。尽管荣格将此测验用于犯罪学的努力尝试终告失败，但其他科学家延续了其研究方向，最后发明了测谎仪。

其次，荣格的成就表现在对精神分裂症的研究上。延续布洛伊勒的方向，他试着去了解病人并建立医患关系。我们已经见到，荣格如何由精神分裂的症状根源首次发现了"情结"，继而发现了"原型"。荣格为精神分裂症患者的心理治疗付出颇多心力，同时他也成为当代的存在分析师们的前驱，尝试去了解以及呈现精神分裂症患者的主观经验。不管是荣格学派还是非荣格学派的精神科医师均有人指出，神话与精神分裂症患者的主观经验存在相似性。①

弗洛伊德的门徒恰如其分地承认并推崇荣格对于精神分析的贡献。②荣格引入了"情结"及"意象"等词汇，同时他也是分析训练的推动者。据荣格所言，他也是使弗洛伊德注意到施瑞伯的《回忆录》的人。荣格对于弗洛伊德分析施瑞伯的评论，促成了弗洛伊德重新修正他的原欲理论并引入了"自恋"的概念。荣格对于神话的投入以及他的《原欲的变形与象征》一书，则刺激弗洛伊德写下《图腾与禁忌》。儿童精神分析师也实行荣格利用绘画进行治疗的技巧。最近，有些精神分析师小心翼翼地发表的一些观点，与荣格的理论有某些相似之处。以埃里克森为例，在其阐述的个体发展的八阶段中，前五个阶段与弗洛伊德的原欲发展一样，而其他三个阶段显然是取自荣格的"个体化"概念。③

---

① John Weir Perry, *The Self in Psychotic Processes, Its Symbolization in Schizophrenia* (University of California Press, 1953). John Custance, *Weisheit und Wahn* (Zurich: Rascher, 1954).

② Sheldon T. Selesnick, "C. G. Jung's Contributions to Psychoanalysis," *American Journal of Psychiatry*, CXX (1963).

③ Erik Erikson, *Childhood and Society* (New York: W. W. Norton, 1950).

荣格"积极想象"的方法，激发了罗伯特·德茨瓦耶关于"白日梦疗法"的构想。①德茨瓦耶要求病人躺在长椅上，想象自己飘浮起来，愈来愈高，直抵天空，并让病人告诉治疗师所有浮现在脑海中的心像，使治疗师可以探索病人的无意识。

无数治疗师以各种方式采用荣格无意识作画的方法，精神分析师也利用绘画来治疗儿童和精神病患者。荣格的学生汉斯·特鲁伯认为，心理治疗的痊愈因素之一是治疗师与患者的"相逢"。②在发展这个理论的过程中，特鲁伯与荣格渐行渐远。以特鲁伯的说法，那是对忠诚的反对。菲尔兹将荣格治疗心理疾病的方法系统化。③1909年左右，荣格开始接触心身医学，梅尔发展出一套荣格式的心身医学处置模式。④汉斯·伊林也引入以荣格理论为基础的各种团体治疗。⑤

---

① Robert Desoille, *Exploration de l'affectivit subconsciente par la méthode du rêve éveillé* (Paris: d'Artrey, 1938).

② Hans Trüb, *Heilung aus der Begegnung* (Stuttgart: Klett, 1951).

③ H. K. Fierz, *Klinik und Analytische Psychologie* (Zurich: Rascher, 1963).

④ C. A. Meier, "Psychosomatik in Jungseher Sicht," *Psyche*, XV (1962).

⑤ Hans A. Illing, *International Journal of Group Therapy*, VII (1957), pp.392-397. "C. G. Jung on the Present Trends in Group Psychotherapy," *Human Relations*, X (1957).

值得一提的是,"匿名戒酒会"也间接源自荣格。

荣格与某一位"匿名戒酒会"创立者之间的通信最近出版了,揭露了一些鲜为人知的故事。①约在1931年,一位酒精成瘾的美国人罗兰前来求诊,荣格花了约一年的时间对其进行心理治疗,但罗兰很快又沉溺于酒精。他回到荣格这里,后者坦诚地告诉他,再多的药物或精神科治疗也并无裨益。罗兰追问是否还有其他任何希望。荣格回答,如果他能有心灵或宗教经验,或许这些可以使他完全振作起来。罗兰后来加入了"牛津团体",他发现了一种全新的转变经验,他不再酗酒,反倒献身去协助其他酒瘾患者。其中之一就是艾迪,他和罗兰一样加入了"牛津团体",从而也不再强迫性地饮酒。1934年11月,艾迪拜访朋友比尔,告诉这位无望的酒徒自己的经验。随后比尔有了宗教经验,并兴起成立一个属于酒瘾者的社团的念头,以将自身的经验逐一传播出去。于是艾迪和比尔成立了"匿名戒酒会"。此后该组织的发展,已广为人知。

---

① Bill W.-Carl Jung Letters. *A. A. Grapevine. The International Monthly Journal of Alcoholics Anonymous*, XIX, No. 8 (January 1963).

第七章 荣格的影响

荣格区分"外向""内向"和四种心理功能的类型学饱受人格学学者的攻击。虽然如此,艾森克仍然采用"外向"和"内向"的二分法来作为划分人格面向的依据之一。①瑞士的婚姻咨询专家普拉特纳主张,几乎所有人都有选择和与自己有相反类型及功能的人成为配偶的倾向。例如,"理性-外向型"的人会选择"感情-内向型"的人,因而存在某些特定类型的婚姻形态,每种各有独特的困难与冲突。②历史学家汤因比发现,世界上的著名宗教也可依荣格的"心理类型"加以分类。③大致而言,荣格关于"外向"和"内向"的概念广受欢迎,已经成为大众的日常惯用语(虽然经常偏离原意)。荣格的原始概念,有时也可以在其他的专有名词中辨识出。例如:大卫·理斯曼在"内在主导"(inner-directed)和"外在主导"(other-directed)之间所做的区分。④

---

① H. J. Eysenck, *Dimensions of Personality* (London: Routledge & Kegan Paul, 1947).

② P. Plattner, *Glücklichere Ehen* (Berne: Hans Huber, 1950).

③ Arnold J. Toynbee, *A Study of History* (London: Oxford University Press, 1954).

④ David Riesman, *The Lonely Crowd* (New Haven: Yale University Press, 1950).

大量的象征、神话和原型，成为荣格心理学的主要特征。第一阶段，荣格是应用深度心理学去研究神话。第二阶段，荣格以"放大"的方法应用神话去了解心理学现象。使用"放大"法的治疗师需要具备关于神话学的知识并了解象征的诸多可能意义。例如，蛇对弗洛伊德学派的精神分析师而言，就是阳具的象征；但对荣格学派的人而言，除了此种象征意义外，可能还有其他十种含意。第三阶段，神话学学者及荣格学派分析师共同进行相同的神话比较研究。荣格与一位住在苏黎世研究神话学的学者科雷尼联名出版了一本书①，这本书就是这类比较研究的典型。书中，科雷尼与荣格各自以自己学科的原则去分析神话中的"圣童"和"圣女"。其他比较研究的成果则在阿斯科纳的"爱诺思年会"上发表，随后又陆续在《爱诺思年报》上刊载。

荣格关于集体无意识的概念也被运用于对哲学的洞悉与对科学的发现上。例如，荣格以此观点来解释罗伯特·迈尔发现的"能量守恒律"。物理学家泡利（迁居美国的奥地利物理学家，曾获1945年诺贝尔物理学奖）也以类似的观点来

---

① C. G. Jung and Karl Kerenyi, *Eine Einführung in das Wesen der Mythologie* (Zurich: Rascher, 1941).

阐释开普勒的发现。[1]康福德评论阿那克西曼德所提出的观点：其认为存在着宇宙基质、既无起始亦无终结的观点，是不可能从科学的学说中习得或通过观察而获得的，[2]因而这种想法是从"无意识心灵的某阶层冒出的，它是如此深邃，以至于我们无法认出那是我们自己的一部分"，也就是来自荣格所说的集体无意识。这同样也可解释阿那克西曼德与"波利尼西亚神赐之物"的原始心像之间在概念上的相似处。康福德认为"哲学和科学的发展主要在这些原始心像经由意识层面的理性法则而进行的分化下产生。而原始心像在此前，便已通过不同的过程，产生了各种形式的宗教表现。"由此观点，哲学、科学和神话学均源自集体无意识的不同管道。

荣格关于宗教的自然功能及人类中存在宗教原型的观点，引起宗教界的热烈讨论。有些神学家认为他们找到了荣格这样的盟友以对抗无神论者，其他神学家却对其"心理主义"大张挞伐。他们说，虽然弗洛伊德是公开的无神论者，视宗教为一种错觉，一种一厢情愿的想法，但荣格在宗教中

---

[1] W. Pauli, "Der Einfluss archetypischer Vorstellungen auf die Bildung naturwissenschaftlicher Theorien bei Kepler," in C. G. Jung and W. Pauli, *Naturerklärung und Psyche* (Zurich: Rascher, 1952).

[2] F. M. Cornford, *The Unwritten Philosophy* (Cambridge: Cambridge University Press, 1950).

看见的则是宗教原型的投射，不过人们无法得知其所对应的种种先验性现实。巴塞尔的神学家弗里施克内希特指出，荣格的体系是一种"和善且聪颖"的无神论。①另外一位住在伯尔尼的神学家汉斯·夏尔则认为，今日关心宗教的人，必不能对荣格的著作视若无睹。②汉斯·夏尔以荣格的理论为基础，写成了一部厚达700页的关于宗教心理学的论述。③

另一位神学家罗什迪欧将荣格认为人类天生具有宗教性的想法进一步推进，主张情感移情是宗教体现的一部分，只是大多数治疗师都未意识到此事实。④另一位著名的神学家保罗·田立克则认为，荣格的原型学说对新教神学有极大帮助，特别是在和宗教象征有关的理论上。荣格的著作也在天主教神学家之间引发了极大的兴趣，⑤至少有三位写过完整

---

① Max Frischknecht, "Die Religion in der Psychologie C. G. Jungs," *Religiöse Gegenwartsfragen*, Heft 12 (Berne: Haupt, 1945).

② Hans Schär, *Religion und Seele in der Psychologie C. G. Jung* (Zurich: Rascher, 1946).

③ Hans Schär, *Erlösungsvorstellungen und ihre psychologischen Aspekte* (Zurich, Rascher, 1950).

④ Edmond Rochedieu, "Le Transfert et le sentiment religieux," *Acta Psychotherapeutica, Psychosomatica et Orthopaedagogica*, III, supplement (1956).

⑤ 这里有个私人的回忆：第二次世界大战后，当我重回英国时偶然造访了某座圣本笃修道院，当院长听到说有位瑞士精神科医师来时，便热切地问起荣格。

的研究,他们分别是怀特神父、①奥斯捷神父②及戈尔德布鲁纳神父。③在俄国东正教的诸多神学家中,叶夫多基莫夫牧师在其对女性的一项哲学人类学研究中,运用了荣格的"原型""阿尼玛"及"阿尼姆斯"的观点。④

莱瓦德在其集体心理学的教科书中,以一整章的篇幅讨论荣格,强调荣格的概念对于了解集体性精神病的重要性。⑤荣格强调,大众中个体"精神膨胀"的重要性。尽管弗洛伊德看到的是大众认同领导者的现象,但荣格(如同让内一样)强调,领导者同样地必须依赖群众。荣格解释集体性精神病是潜伏的"原型"们集体性地猛然浮现所致。

瑞士经济学家厄根·波勒⑥是与荣格关系最密切的学生之一。他让商界对荣格心理学有所注意,并且在他发表的无

---

① Victor White, *God and the Unconscious*, with a foreword by C. G. Jung (London: Harville Press, 1952).

② Father Hostie, *C. G. Jung und die Religion* (Freiburg: Karl Alber, 1957).

③ Josef Goldbrunner, *Individuation. Die Tiefenpsychologie von Carl Gustav Jung* (Krailling vor Munich: Erich Wewel, 1949).

④ Paul Evdokimov, *La Femme et le salut du monde, Etude d'anthropologie chrétienne* (Tournai: Casterman, 1958).

⑤ Paul Reiwald, *Vom Geist der Massen. Handbuch der Massenpsychologie* (Zurich: Pan-Verlag, 1946).

⑥ Eugen Böhler, "Die Grundgedanken der Psychologie von C. G. Jung," *Industrielle Organisation*, XXIX (1960).

数作品中，尝试应用荣格的经济学观点，[1]尤其是那些和神话与大众心理学有关的论点。[2]

对波勒而言，国家的整体目标对经济活动的主导性并不比源自幻想及神话的集体冲动更重要。或者更精确地说，虽然生产是理性程序的结果，但消费依赖的是非理性的冲动，就好比情欲的冲动一般。在经济发展中，幻想才是真正的原动力，科学与技术的进步导致人类生活中的幻想成分的重要性增加。文学、艺术、报纸杂志、戏院、收音机和电视都是"造梦工厂"；时尚酒店、旅游事业也是如此，"现代经济与好莱坞一样是造梦工厂"。基于实际需求的少，来自幻想与神话的却占大部分。这也是广告业会在现代经济体里成为主角的原因。科学本身现在披着神话的光环。在满足人类想象之际，科学同时刺激消费者产生新需求，并使消费者发展出新方法去满足这些人为制造出来的需求。对女性而言，"时髦"意味着"从狄俄尼索斯式的理性中解放出来"以及人格的提升。正是这种不可预测性赋予其谜一样的神谕，而

---

[1] 关于波勒的观念，施密德有极佳的摘要，参见"Ubber die wichtigsten psychologischen Ideen Eugen Böhlers," in *Kultur und Wirtschaft. Festschrift zum 70, Geburtstag von Eugen Böhler* (Zurich: Polygraphischer Verlag, n.d.)。

[2] Eugen Böhler, "Der Mythus in der Wirtschaft," *Industrielle Organisation*, XXXI (1962).

我们必须参透它。证券交易所本身即蕴含着一种神话的功能：它不是经济生活的"脑"，而是经济生活的"心"，这是对"经济人"在忍受理性的组织、井然有序、节俭、锱铢必较的记录、计算、设立资产负债表等颇具压力的严酷奋斗后的一种代偿作用。证券交易所就是这种人的白日梦唯一能进入现实生活的窗口。无数人的信仰、期待和欲望同时都投射并汇聚于证券交易所。与其说证券交易所本身主宰了经济活动，不如说它实际上是在集体幻想的潮汐中随波逐流。当经济神话骤然幻灭时，就会引发抑郁。波勒将其评论扩展至过去与现在的其他经济神话中，比如自由贸易以及其他。

将荣格的概念运用于政治哲学，始于1931年辛德勒对于宪法及社会结构的研究。[1]1954年，汉斯·费尔将原型的概念运用在法律、哲学中。[2]之后汉斯·马蒂以荣格式的解释来阐述瑞士宪法。[3]然而，在这一方向上持续最久的尝试莫过于1956年埃里希·费希纳[4]及1959年马克斯·英博登所做

---

[1] Dietrich Schindler, *Verfassungsrecht und Soziale Struktur* (Zurich: Schulthess, 1931).

[2] Hans Fehr, "Primitives und germanisches Recht. Zur Lehre vom Archetypus," *Archiv für Rechts-und Sozialphilosophie*, Vol. XLI (1954-1955).

[3] Hans Marti, *Urbild und Verfassung* (Bern, 1958).

[4] Erich Fechner, *Rechtsphilosophie. Soziologie und Metaphysik des Rechts* (Tubingen: J. C. B. Mohr, 1956).

的努力。①

在逐一严格检视所有可能和法律相关的概念之起源后（包括生物、经济、政治、社会、哲学、神学理论），埃里希·费希纳提出一种以荣格的"原型"概念为基础的心理学理论。对费希纳而言，社会性的本能无法解释一个法律社群及国家的起源。例如，不应杀生的戒律及一夫一妻制的组织必定远在形成法律之前，即以无意识的呈现物的形式存在。因而，必定早就存在着原始的"心像"或"原型"。

马克斯·英博登认为，国家构造是精神实体的一种反映。三种典型的国家：君主政体、贵族政体和民主政体，分别呼应集体无意识的不同发展阶段。君主政体中，意味的就是某一个体将自我的潜能发挥至极致，并实现了其他人的无意识内容。统治者与被统治者以移情的现象彼此相互联结在一起，这阻碍了个体的发展。贵族政治掌权者则是被挑选过的人，允许被统治的个体有某些成长空间。但是，这也隐示了存在于精英分子与大众之间错综复杂的关系网络，这类系统的形貌可能相去甚远，这取决于两者之联系是偏向无意识

---

① Max Imboden, *Die Staatsformen. Versuch einer psychologischen Deutung staatsrechtlicher Dogmen* (Basel and Stuttgart: Helving & Lichtenhahn, 1959).

的移情还是意识层次的。在所有或大部分公民已经达到充分个体化的程度时，才能形成民主政治的形式；他们能清楚地认知相互的关系，从而能创造出一个可靠的市镇。在提到孟德斯鸠的"三权分立说"（立法、行政、司法）时，英博登指出，这相当于"三位一体"的教谕，他认为那是因为现代初始那与日俱增的集体自觉所致。

所有的理论创始者都必须面对的问题是，他们的研究成果在日后的发展是完全无从预测的。因为它较依赖物质因素、历史环境及集体心灵的起伏，而不是其理论所具有的价值。

弗洛伊德与荣格的体系之间存在着基本的相似性，他们都借助某种创造性疾患而获得新的心理治疗方法。不论是以训练还是以治疗的形式分析，二者均提供了无意识之旅的可能性。但是此旅程对于二者又截然不同，接受弗洛伊德式分析的人，将很快发展出强烈的移情性神经症，会有弗洛伊德式的梦，发现自己的"俄狄浦斯情结"、婴儿期性欲以及阉割焦虑。那些接受荣格式分析的人将会有荣格式的梦、遇见自己的"阴影""阿尼玛"及原型，并寻求自身的个体化。如果一位弗洛伊德学派的分析师接受荣格式的分析，将会觉得失去方向，如同《浮士德》第二部中的梅菲斯特参加"传统的瓦尔普吉斯之夜"①时，惊异地发现竟然"另有一个拥有自己律法的地狱"时的感觉（弗洛伊德式以及荣格式的潜意识之间真正的对比，很容易以布罗肯峰的"瓦尔普吉斯之夜"及存于其中的恶魔和巫婆，与"正统的瓦尔普吉斯之夜"及其诸神话人物的对比被描绘出来）。

这足以解释，为何许多人对于弗洛伊德和荣格的反应多由于其个人的倾向决定，而不是就客观事实进行详察。有的人认为弗洛伊德的科学基础根基稳固，而荣格不过是坠入云雾中的神秘论者。其他人却认为弗洛伊德剥夺了人类灵魂的神秘氛围，②而荣格拯救了灵魂的价值。（他们将会说）假如弗洛伊德为著作《梦的解析》选择题辞时，将会选择维吉尔的诗：

倘使我不能逼使天堂服从，

至少我可以掀翻整个地狱！

（Flectere si nequeo Superos, Acheronta movebo）

---

① Classical Walpurgis Night，指每年五月一日前夕，据说女巫会在这天晚上在德国哈尔茨山脉（Harz）的布罗肯峰（Brocken）相聚狂欢。——译注

② 在一封布尔夏特（Carl Burchardt）致霍夫曼斯塔尔（Hofmannsthal）的信中，这样的感觉被表达无遗。

相对于此，荣格的座右铭可能是维吉尔的另一首诗：①

诗歌就是由天上降下的月亮

（Carmina vel coelo possunt deducere lunam）

如此一来，将弗洛伊德视为将个人简化成只剩下邪恶本能的魔法师的人，大概会视荣格为一位能支配月亮的男巫。

我们预测，随着时光的流转，荣格的理论风貌将会有所改变。理由之一是，这是一种普遍的本质："这是任何一种意识形态的命运——每个随之而来的世代，都将会以新的观点对其进行诠释。"在荣格这样的例子中，情况更不单纯。今天，我们基本上是通过书籍、论文及其终生所著且结集出版的《荣格全集》认识了荣格的学说。当荣格的研讨会记录被选集出版之后，其人格和理论将会以更新的观点被衡量；当他的书信出版，这趋势会更清楚。甚至有一天他的《红皮书》和《黑皮书》都有可能出版，他的日记有朝一日也可能公之于世，这必定会让他呈现另一种风貌。不只是他个人的生命史，他的心像和身后的影响，也都会以一种无法预知的方式不断地进行变形。

---

① Virgil, Eclogue VIII. *Great Books of the Western World*, No. 13, p.27.